KB081816

화석이 말하는 것들

화석이 말하는 것들

죽고 사라진 것들의 흔적에 관하여

이수빈 지음

에이도스

우리는 지구라는 행성 위에 발딛고 살고 있습니다. 이 땅의 역사는 얼마나 오래되었을까요? 아마 이는 대부분의 사람들에게겐 상식적인 이야기일 것입니다. 45억 년이지요. 1956년에 미국 캘리포니아공과대학 소속의 지구화학자였던 클레어 패터슨 교수가 애리조나주 북부의 디아블로 캐니언에서 발견된 운석을 토대로 지구의 역사가 45억 년이라는 것을 처음 밝혀낸 이후로 지구의 역사는 45억 년이라는 것이 현재까지 정설입니다.

그 긴 역사 동안 우리가 발을 딛고 사는 땅에는 어떤 생물이 우리보다 먼저 발을 디디며 살아왔을까요? 아마 무수히 많은 종류의 생물들이 살아왔을 겁니다. 그중에는 우리가 전혀 상상하지 못한 생물도 있었겠지요. 그 생물들 상당수는 현재는 아쉽게도 직접 볼 수 없습니다. 멸종하였기 때문이죠. 하지만 그들이 남긴 흔적은 아직도 남아 있습니다. 그 흔적이 바로 화석입니다.

화석을 통해서 우리는 무엇을 알 수 있을까요? 생물의 진화사, 과거 생물의 모습 등등 여러 정보를 알 수 있습니다. 비록 직접 살

아있는 모습을 보는 것이 아니고 남아 있는 것들을 토대로 유추해 내는 것이기 때문에 실제와 다를 가능성은 항상 있지만, 지금 이 순간에도 많은 과학자들은 그 흔적을 토대로 과거 생물들의 모습을 재구성하고 있습니다. 이 재구성 과정을 통해 우리는 생물의 생태를 보다 더 입체적이고 사실에 가까운 모습으로 알게 되었습니다. 이를테면 우리는 화석 연구를 통해 공룡의 성장과정을 알아낼 수 있었고, 삼엽충이 다리로 호흡을 하며 여러 종류의 단단한 눈을 가지고 있었다는 사실을 알아냈습니다. 네안데르탈인이 무엇을 먹었는지도 알아낼 수 있었습니다.

이 책은 오래전 이 지구상에 살았던 존재들이 남긴 흔적을 통해 그들의 생물의 삶과 생태를 들여다봅니다. 이제는 죽고 사라져버린 생물들의 삶을 추적하는 고생물 연구의 매력적인 세계로 여러분을 초대합니다.

차례

3장 공룡과 화석

4장 화석에 관한 몇 가지 이야기

1장

뼈 없는 동물의 화석

1. 게의 과거

어릴 적 즐겨 먹던 과자 중에 '꽃게랑'이라는 과자가 있었습니다. 붕어빵에는 붕어가 없고, 고래밥에도 고래가 사용되지는 않지만, 꽃게랑은 진짜 꽃게가 사용됩니다. 과자 꽃게랑뿐만 아니라 어릴 적 외가에 가면 항상 먹었던 음식 중 하나가 바로 꽃게탕입니다. 말 그대로 꽃게를 이용해서 만든 탕인데, 얼큰한 맛이 일품이지요. 또한 게를 이용한 우리나라의 음식 중에서 빼놓을 수 없는 것이 밥도둑으로 불리는 간장게장입니다. 이렇듯 게는 새우, 가재와 함께 여러 식자재로 사용되는 대표적인 갑각류 중 하나입니다.

이렇게 맛있는 여러 음식의 재료가 되는 게. 과연 게의 기원은 어떻게 될까요?

1-1 오늘날의 게. tankist276 제공

2억 년 전에 등장한 게

현재까지 알려진 것 중 가장 오래된 게 화석은 독일에서 발견되었습니다. 대략 1억 9천만 년 전 즈음 시기에 살았던 게 화석으로 에오프로소폰 클루기*Eoprosopon klugi*라는 게입니다. 이 게는 우리가 일반적으로 게의 모습 하면 생각나는 둥글고 짧은 형태의 신체가 아니라 가재와 비슷하게 타원형에 가까운 신체를 하고 있었습니다. 그래서 오늘날 게보단 가재와 좀 더 비슷하게 생겼지요. 하지만 오늘날 게처럼 5쌍의 다리가 그대로 보존되어 있다는 점에서 게라고 볼 수 있습니다. 말하자면 게는 2억 년 전 즈음부터 이미 5쌍의 다리를 가지고 있었던 것입니다. 이 게의 다리는 오늘날 대게처럼 매우 길었습니다.

하지만 다른 연구를 살펴보면 게는 그보다 더 오래전에 지구상에 나타난 듯합니다. 거기에는 두 가지 근거가 있습니다. 첫 번째 근거는 집게의 화석이었습니다. 집게는 현재 게와 매우 가까운 분류군으로, 자매 분류군sister groups에 속합니다. 자매 분류군에 속한다는 것은 두 분류군이 공통 조상에서 각각 따로 갈라졌다는 것을 의미하는데, 현재까지 발견된 가장 오래된 집게의 화석은 트라이아스기 후기 지층에서 나왔습니다. 오늘날 아랍에미리트에 위치한 2억 1천만 년 전 시기에 형성된 갈리아층Ghalilah Formation에서 발견된 플라티코타 아카이나*Platykotta akaina*가 바로 그것입니다.

현재까지 발견된 가장 오래된 게 화석인 에오프로소폰 클루기가 살던 시대보다 좀 더 오래된 시대에 집게가 살았는데, 집게는 게와 갈라진 분류군입니다. 이 말은 곧, 에오프로소폰 클루기가 살기 이전 시대인 2억 년보다도 더 전인 트라이아스기 후기 때 게와 집게가 따로 갈라졌다는 것을 의미합니다. 그렇지 않으면 집게가 있었을 리 없으니까요. 즉, 게가 이미 진화하였으나 화석은 발견되지 않은 상황인 것이죠.

또 다른 근거는 2005년에 진행되었던 십각류(갑각류에서 게, 집게, 새우, 가재를 포함하는 분류군입니다)의 분자배열을 이용한 분류군에 대한 연구결과였습니다. 게의 분자배열을 조사한 결과 게가 2억 4천만 년 전에 처음 등장하였던 것으로 보이는 결과가 나왔지요. 이 연구대로라면 게는 공룡보다 더 오래전에 나타났던 것입니다. 하지만 2014년 게의 진화에 대한 연구에서는 게의 기원을 다시 쥐라기 초기 즈음으로 재측정이 이루어지기도 하였습니다. 이때라면 에오프로소폰 클루기가 살던 시기와 대략 일치합니다. 즉, 게의 기원은 대략 2억 년 하고도 4천만 년 전에서 1천만 년 전으로 유추할 수 있습니다.

에오프로소폰 클루기 이후에 살았던 게 중에서 가장 오래된 게 화석은 영국에서 발견되었습니다. 영국 남서부 글로스터셔 주의 치핑캠든에서 발견되어 1932년에 처음 보고된 게 화석으로, 에

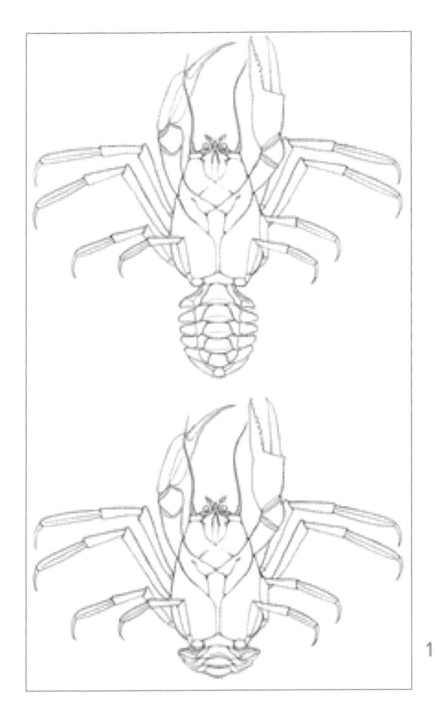

1-2 에오카르키누스의 복원도.
ⓒ Gerhard Scholtz

오카르키누스 프라에쿠르소르*Eocarcinus praecursor*라는 이름이 붙은 게입니다. 1억 8천 9백만 년 전 즈음에 살았던 이 게의 화석은 보존율이 좋지 않았기에 처음엔 게가 아니라 집게인 것으로 판단되었습니다. 하지만 2020년에 독일 훔볼트 대학교의 게르하르트 숄츠Gerhard Scholtz 박사가 이 생물의 가슴쪽 부속지를 조사한 연구 결과, 이 생물은 집게가 아니라 게인 것으로 판명되었습니다.

공룡과 함께 번성한 게

어느 시대에 출현했든 간에 현재 화석으로 발견된 가장 오래된 게의 화석은 1억 9천만 년 전 즈음에 살았던 게입니다. 하지만 화석 기록을 보면, 본격적인 게의 진화는 그보다 더 이후에 이루어진 듯합니다. 왜냐하면, 쥐라기 후기부터 백악기 지층에서 게의 화석 기록이 폭발적으로 나타나기 시작하기 때문이죠. 공룡이 땅을 활보할 동안, 게 역시 다양하게 진화했던 것입니다. 특이한 점은 중생대 즉, 공룡이 살던 당시의 게 화석들은 영국, 프랑스, 체코, 스페인 등 주로 유럽에서 발견되었다는 점입니다. 당시 기후는 전반적으로 아열대 기후에 가까웠습니다. 유럽을 제외하고 아프리카, 일본에서도 일부 화석 기록이 존재합니다.

쥐라기 후기에 살았던 게들은 주로 얕은 연안에 번성하는 산호초에서 살았던 것으로 보입니다. 오늘날에도 산호초 지역에서 게들이 살고 있다는 점을 생각해보면, 해양 환경에서 게들이 사는 방식은 과거에도 많이 비슷했던 듯합니다. 우리가 생각하는 게의 신체 즉, 짧고 둥근 모습에 가느다랗고 긴 다리를 지닌 신체를 지닌 게의 화석이 발견된다는 점은 우리에게 익숙한 게의 모습이 지금까지 이어졌다는 점을 보여줍니다.

특이한 모습의 게 칼리키메라

공룡 시대에 살았던 게 중에서 가장 특이한 모습을 한 게라면 2019년에 콜롬비아와 미국 연구진이 보고한 칼리키메라 페르플렉사 *Callichimaera perplexa*일 겁니다. 콜롬비아 동남부 페스카라는 지역과 미국 와이오밍주에서 발견된 이 게는 9천 5백만 년 전에서 9천만 년 전에 살았던 게입니다. 그런데 특이한 점은 보통의 게와 달리 어린 시절에, 정확히는 유생의 모습을 하고 있었던 것입니다. 게는 사람과 달리 처음 태어난 이후로 많은 신체의 변화를 거치면서 성장합니다.

꽃게처럼 물속에서 유영을 하는 일부 게를 제외하면 대부분의 게들은 해저 바닥을 기어 다니면서 생활을 합니다. 그런데 게는 처음 태어날 때에는 유영을 하거나 바닥을 기어 다니지 않고 물의 흐름에 따라 떠다니는 플랑크톤으로 살아갑니다. 조에아 유생이라고 하는 이 단계는 게보다는 약간 새우와 비슷한 모습을 하고 있지

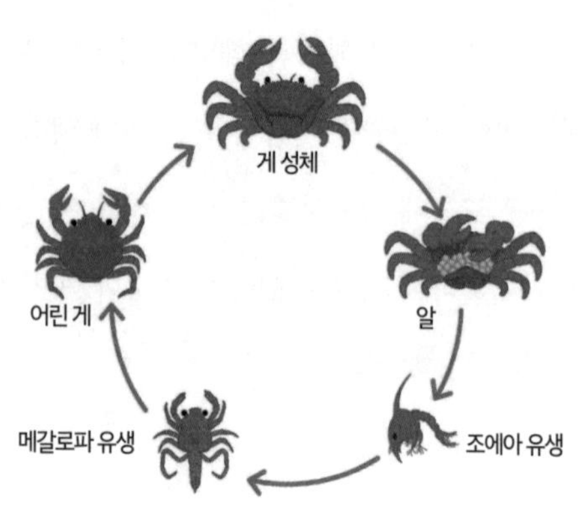

1-3 게의 성장 과정. 일반적인 게와 달리 칼리키메라는 메갈로파 유생과 비슷한 신체구조를 가지고 있었다. Nattaya 제공.

요. 조에아 유생 단계 이후 게는 탈피를 하면서 메갈로파 유생의 모습을 갖습니다. 이때 게들은 복부와 가슴 쪽에 유영을 할 수 있는 기능을 지닌 다리가 나타납니다. 이 다리를 이용해서 유영생활을 하지요. 그러다가 탈피를 더 하고 나면 우리에게 익숙한 게의 모습으로 바뀌게 되지요.

그런데 칼리키메라는 특이하게도 메갈로파 유생의 모습을 그대로 가지고 있습니다. 즉, 이들은 일반적인 게와는 거리가 좀 있는 모습을 하고 있었던 것이죠. 어쩌면 유생이 화석으로 남은 것 아닌가 생각할 수 있는데, 연구진은 유생이라고 하기에는 크기 범위가 6.6~15.1mm로 다양하다는 점, 그리고 결정적으로 수컷과 암컷을 구분할 수 있는 특징이 있다는 점을 들어서 이들이 어린 유생의 모습을 하고 있는 성체라고 결론 내렸습니다. 게는 다 자라고 난 후에야 암컷과 수컷을 구분할 수 있고 유생 때는 구분을 할 수

1-4 칼리키메라 페르플렉사의 화석. © Javier Luque

1-5 칼리키메라 페르플렉사의 복원도. © Javier Luque

없기 때문이죠.

담수에서 살던 게

게는 바다뿐만 아니라 담수 즉, 민물에서 살기도 합니다. 오늘날 담수게들은 남미, 아프리카, 유럽과 인도, 일본에서 살고 있지요.

게는 언제부터 담수에서 살았던 걸까요? 아프리카에서 사는 담수게의 다양성을 rRNA를 분석해 조사한 연구에서는 에오세 시기인 대략 5천만 년 전 즈음부터 담수게의 분화가 시작했다고 보고 있습니다. 어떤 분석에서는 무려 백악기 전기 시기인 1억 3천만 년 전이라는 결과가 나오기도 했습니다. 화석 기록을 보면 공룡이 살던 시대의 담수게 화석이 발견되었습니다. 현재까지 알려진 가장 오래된 담수게의 화석은 공룡 뼈에 묻힌 채로 발견되었습니다. 7천 4백만 년 전에 만들어진 프랑스 벨로-라바스티드 뇌브Velaux-La Bastide Neuve라는 지역에서 발견된 이 게는 집게만 발견되었습니다만, 발견된 지층의 환경이 호수 환경인 것으로 미루어보아 담수에서 살던 게였음이 분명합니다. 이 게는 디노카르키누스 벨라우키엔시스*Dinocarcinus velauciensis*라는 학명이 붙었는데요, 현재까지 발견된 가장 오래된 담수게라는 점에서 의미가 있습니다.

2017년에는 공룡의 배설물에서 게의 흔적이 발견되기도 하였습니다. 7천 4백만 년 전에 만들어진 카이파로윗츠층Kaiparowits

1-6 오늘날 남유럽에서 살고 있는 게 포타몬 플루비아틸레(*Potamon fluviatile*). 화석 기록을 보면 포타몬은 1천 5백만 년 전부터 유럽에서 살았던 것으로 보인다. © Bjorn Spiteri

Formation이라는 지층에서 나온 초식공룡의 배설물에서 각종 식물과 함께 게의 화석이 발견된 것입니다. 초식공룡이 게를 먹었던 것이 배설물로 나와서 화석으로 남은 것이죠. (이 공룡의 배설물에서 나온 게의 화석에 대한 이야기는 2장에서 다시 다루겠습니다.)

1976년에는 케냐에서 담수게의 화석이 보고되었습니다. 대략 2천 3백만 년 전부터 현재까지 살고 있는 게 포타모나우테스*Potamonautes*입니다. 이 게는 최초로 발견된 담수게 화석 기록으로 알려져 있습니다. 포타모나우테스가 보고된 이후로 탄자니아에서도 담수게가 발견되었습니다. 학자들은 이 게에게 탄자노나우테스 투에르카이*Tanzanonautes tuerkai*라는 학명을 붙였습니다. 탄자노나우테스는 대략 3천만 년 즈음에 살았던 게로 등껍질과 집게만 발견되었습니다.

아프리카 바깥 지역은 어떨까요? 2010년 독일에서 오늘날 유럽에서 아직 살고 있는 담수게 포타몬Potamon sp.의 화석이 보고되기도 하였습니다. 1천 5백만 년 전에 살았던 이 게는 2020년에 남부 유럽국가인 크로아티아에서 한 번 더 보고되었습니다. 이 게는 대략 1천 5백만 년 전부터 지금까지 남유럽에서 살고 있습니다. 2017년에는 인도 북부지역에 있는 대략 5백만 년 전 지층인 타트롯층Tatrot Formation에서 담수게의 화석이 발견되었습니다. 이 게는 아칸토포타몬 마르텐시*Acanthopotamon martensi*라고 불리죠. 아칸토포타몬은 오늘날 인도 북부지역에 여전히 살고 있습니다.

담수에서 살던 게와 관련해서 한 가지 재미있는 점이 있습니다. 담수에서 사는 게는 모두가 단일 계통군이 아니라는 점입니다. 다시 말해 담수에서 사는 게가 공통조상에서 담수에 적응해서 갈라져 나간 것이 아니라 여러 종류의 다른 게들이 따로따로 담수 환경에서 적응했다는 이야기입니다. 현재 담수에서 사는 게들이 총 몇 번에 걸쳐서 담수 환경에서 적응하였는지는 아직 정확히는 알 수 없으나, 분명한 사실은 게들이 담수 환경에서 적응해서 사는 진화가 최소한 두 번 이상 일어났다는 것입니다.

게는 오랜 시간 동안 여러 번 진화를 하였습니다. 아직 게의 진화에 대한 미스터리는 완전히 풀리지는 않았는데, 화석 기록과 유전학 기록이 상충되는 부분이 보이기 때문입니다. 게와 관련해서 또 한 가지 재밌는 이야기가 있습니다. 바로 게가 아니지만 게와 비슷하게 진화한 게의 친척들이지요. 게와 비슷하게 진화한 게의 친척들. 과연 어떤 것이 있을까요?

2. 게라고? 난 게가 아니야!

꽃게, 대게, 홍게, 킹크랩…. 모두 맛있는 요리 재료들입니다. 그런데 이 중에서 킹크랩은 사실 게를 뜻하는 크랩crab이라는 이름과는 달리 게가 아니라는 점, 알고 계셨나요? 아마 많은 분이 킹크랩도 게의 한 종류일 거라고 생각하셨을 겁니다. 게와 신체가 매우 닮았으니까요.

사실, 눈썰미가 조금만 있어도 킹크랩은 다른 게들과 다르다는 점을 금방 알 수 있을 텐데요. 가장 구분하기 가장 쉬운 특징은 다리의 숫자입니다. 일반적인 게는 알다시피 다리가 5쌍인데, 킹크랩은 다리가 4쌍입니다. 즉, 다리가 1쌍 적지요. 다만 정확히 말하자면 킹크랩도 다리는 5쌍입니다. 다리 1쌍이 퇴화해 짧아진 복부 아래로 숨은 것이죠. 그래서 4쌍만 보이는 것입니다.

2-1 킹크랩 © 이수빈

그렇다면 킹크랩의 정체는 무엇일까요? 킹크랩은 사실 게가 아니라 집게의 한 종류입니다. 게와 집게는 절지동물문-십각목에서(학교에서 배웠던 종-속-과-목-강-문-계 분류체계를 떠올려봅시다!) 범배아목Pleocyemata이라는 분류군에 속합니다. 범배아목에서 단미하목Brachyura, 집게하목Anomura으로 갈라지지요. 단미하목은 모든 게가 속하는 분류군이며, 집게는 집게하목에 속합니다. 말하자면, 게와 집게는 매우 가까운 사이입니다.

게화

게가 아닌 다른 절지동물들이 게와 비슷한 모습으로 진화한 것을 게화Carcinisation라고 합니다. (게화는 공식 번역 명칭은 아니며 한자로 번역

한 단어 蟹化를 우리말로 읽은 것입니다.) 이 개념은 1916년 영국의 생물학자 랜슬란 알렉산더 보라데일이 처음 제안하였습니다. 1916년 "갑각류Crustacea"라는 논문을 발표하면서 다른 갑각류가 게처럼 진화한 개념을 처음 세상에 알렸지요. 보라데일은 게화가 꼬리가 짧아지는 동시에 복부와 얼굴을 구성하는 갑각의 세로 높이가 짧아지고 가로 너비가 늘어나면서 일어난다고 설명했습니다. 그렇다면 언제부터 게화 현상이 나타나서 게와 비슷한 모양의 생물들이 등장한 것일까요?

게보다 우리가 먼저야!

사실 게가 아니지만, 게와 비슷한 형태로 진화한 생물의 역사는 게보다 더 오래되었습니다. 1절에서 이야기했듯, 게는 분자 배열로 측정된 가장 오래된 시기를 기준으로 보면 집게와 함께 공룡 시대가 시작되던 시기인 트라이아스기에 처음 나타났습니다. 대략 2억 년 전 즈음이었지요.

그런데 게와 비슷한 모습의 생물은 그보다 훨씬 더 이전 시대인 석탄기에 나타났습니다. 게가 나타났다고 추정되는 시기보다 1억 년, 그러니까 대략 3억 년 전 즈음에 살았습니다. 이들은 키클루스목Cyclida이라는 분류군에 속합니다. 현재까지 발견된 가장 오래된 키클루스목은 1836년 일리노이주에 있는 메이존 크릭Mazon

2-2 키클루스 아메리카누스의 화석. © Ghedoghedo

Creek이라는 지층에서 발견된 석탄기 시기의 키클루스 아메리카누스*cyclus americanus*입니다. 처음에는 삼엽충의 한 종류이거나 투구게의 유생으로 생각되었으나, 후속 연구에서 투구게와는 관련 없는 분류군인 것이 밝혀졌습니다.

본래 이들은 트라이아스기 말인 2억 년 전 즈음에 멸종한 것으로 생각되었으나 2003년에 백악기 말에 살았던 키클루스목의 화석이 발견되면서 공룡 시대 말엽까지 살았다는 것이 밝혀졌습니다. 이들은 2억 년이 넘는 오랜 시간 동안 살았던 생물들인 셈이죠. 이들이 멸종한 정확한 이유는 아직 알지 못합니다.

그러면 지금 살아있는 게의 가장 가까운 친척인 집게 이야기를 해볼까요? 집게는 게와 가장 가까운 친척으로 트라이아스기 시기의 화석이 발견되었습니다. 게와 가까운 친척이며 비슷한 환경에

2-3 인도-태평양에서 서식하는 게붙이의 한 종류 네오페트로리스테스 마쿠라투스(*Neopetrolisthes maculatus*). ⓒ Nhobgood

서 살아서 그런지 게와 비슷한 체형으로 진화한 절지동물의 대부분은 집게에 속합니다. 앞서 이야기한 킹크랩뿐 아니라 게붙이, 코코넛 크랩 등은 전부 집게의 한 종류입니다.

게와 비슷하게 진화한 집게들은 언제부터 게와 비슷한 체형을 지니게 되었을까요? 화석 기록을 보면 가장 오래된 종류는 무려 1억 4천 5백만 년에서 1억 5천 2백만 년 사이에 출현한 것으로 보입니다. 오스트리아의 에른스트브룬Ernstbrunn이라는 지역에서 발견된 비브리사라나 주라시카*Vibrissalana jurassica*는 그 사례 중 하나입니다.

뉴질랜드에서는 지금으로부터 1천만 년 전에 살았던 파라로미스 데보데오룸*Paralomis debodeorum*의 화석이 발견되기도 하였습니다. 파라로미스는 오늘날에도 살아있는 킹크랩과의 한 종류이죠.

게도 아닌데 게와 비슷한 체형으로 진화한 이유

앞서 이야기했듯 여러 집게, 심지어 게가 나타나기도 전에 살았던 생물 중에도 게와 비슷한 체형으로 진화한 생물이 있었습니다. 그러면 게도 아닌데 왜 게와 비슷한 체형으로 진화한 것일까요?

게는 매우 단순하게 생긴 동물입니다. 다른 친척들, 이를테면 가재, 새우 등과 달리 꼬리가 없고 얼굴도 짧지요. 이런 모양 덕분에 게는 포식자의 공격으로부터 벗어나기 더 쉬웠습니다. 신체가 더 짧아서 잡힐 수 있는 부위가 더 적기 때문이죠. 게다가 둥글고 짧은 신체구조는 해저 바닥을 기어 다니거나 굴을 파고 들어가는 데 더 유리합니다. 이런 특징 덕분에 게는 진화 과정에서 신체의 큰 변화를 겪지 않았습니다. 학자들은 게와 비슷하게 생긴 다른 절

2-4 오늘날 살아있는 파라로미스. ⓒ Gustavolovrich

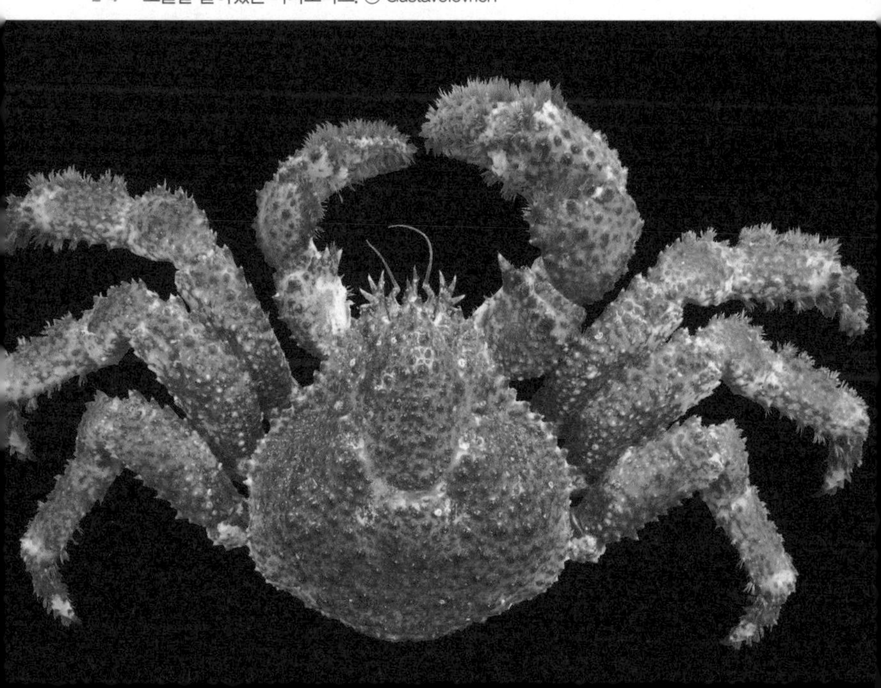

지동물들 역시 게와 비슷한 이점이 있어서 게와 비슷한 체형으로 진화하였다고 주장합니다. 이렇게 다른 분류에 속하는 동물이 비슷한 생태에서 살면서 비슷한 모습으로 진화하는 것을 수렴진화convergent evolution라고 합니다.

오해는 하지 말자!

다만 한 가지 오해하면 안 될 것이 있습니다. 게화라는 현상이 있다고 해서 게의 신체구조가 마치 모든 십각목, 그러니까 새우나 가재 등의 궁극적인 신체구조이며 가장 우월한 구조는 아니라는 것입니다. 게화는 엄연히 게와 비슷한 생태를 살아가는 십각목에서 일어나는 현상으로, 게화한다고 해서 더 우월해지는 것이 아닙니다. 생태에 맞게 적응하며 살아가는 것일 뿐입니다. 돌려 이야기하자면 게 중에서도 다른 게와 생태가 다를 경우 우리가 일반적으로 생각하는 게와는 전혀 다른 신체구조를 가질 수 있다는 걸 의미합니다. 실제로 게 중에는 우리가 일반적으로 생각하는 게의 모습과 전혀 다른 생김새의 게도 존재합니다. 앞서 살펴보았던 칼리키메라 페리플렉사도 그중 하나입니다.

오늘날 살아가는 게에서도 비슷하게 닭게과에 속하는 게들은 우리가 일반적으로 생각하는 게의 모습과는 전혀 다른 모습을 하고 있습니다. 정리하면, 게화는 결코 절대적인 것이 아니며, 생물

2-5 닭게과의 한 종류인 리레이두스 트리덴타투스(*Lyreidus tridentatus*). 분명 게에 속하지만 우리가 일반적으로 생각하는 게와는 전혀 다른 모습을 하고 있다. © Velela

의 생태에 따라 비슷하게 수렴진화하는 경우가 있다는 것을 보여 주는 예시입니다.

3. 갯가재는 가재가 아니다

앞서 우리는 게는 아니지만, 게와 비슷한 신체구조로 진화한 사례에 대해서 살펴보았습니다. 그렇다면 게 이외의 다른 친척, 즉 가재의 경우는 어떨까요? 가재 역시 비슷한 사례가 있습니다. 여기서는 가재는 아니지만 가재와 비슷한 신체구조로 진화한 사례에 대해서 살펴보겠습니다.

가재와 비슷한 외형으로 진화한 사례 중 하나로 갯가재가 있습니다. 갯가재는 언뜻 봐서는 가재와 정말 비슷하게 생겼습니다. 그리고 이름만 보면, 게 아니면 가재의 한 종류 같습니다. 그런데 갯가재는 게, 가재 둘 다 아닙니다. 갯가재는 영어로 mantis shrimp라고 합니다. 번역하면 사마귀새우 정도 되겠군요. 하지만 그렇다고 갯가재가 새우에 속하는 것도 아닙니다.

3-1 갯가재(왼쪽, whitcomberd 제공)와 가재(오른쪽, Ruslan Gilmanshin 제공)

게도 가재도 아니라면 갯가재는 어디에 속할까요? 갯가재는 구각목이라는 분류군에 속합니다. 절지동물의 분류군에 익숙하지 않은 분들에겐 '어, 뭐가 다른 거지?' 하는 의문이 들 겁니다. 구각목은 갑각류의 한 종류인 연갑강에 속하는 분류군입니다. 이 연갑강에는 게, 가재, 새우, 크릴 등 우리에게 익숙한 갑각류의 상당수가 포함되어 있습니다. 그에 반해서 우리가 아는 가재, 게는 연갑강에 속한다는 점은 구각목과 같지만, 십각목이라는 분류군에 속합니다. 십각목은 말 그대로 10개의 다리를 가진 생물들입니다. 즉, 갯가재는 가재나 게에 속하지 않는다는 뜻입니다. 거리가 꽤 먼 친척관계로 볼 수 있지요. (완벽하지는 않지만 대략적으로 어림잡아서 이들의 거리는 사람과 호랑이와 비슷하게 차이가 난다고 볼 수 있습니다.) 현재까지 알려진 모든 구각목은 다 갯가재 종류입니다.

그러면 갯가재가 속하는 구각목은 어떤 특징이 있을까요? 제

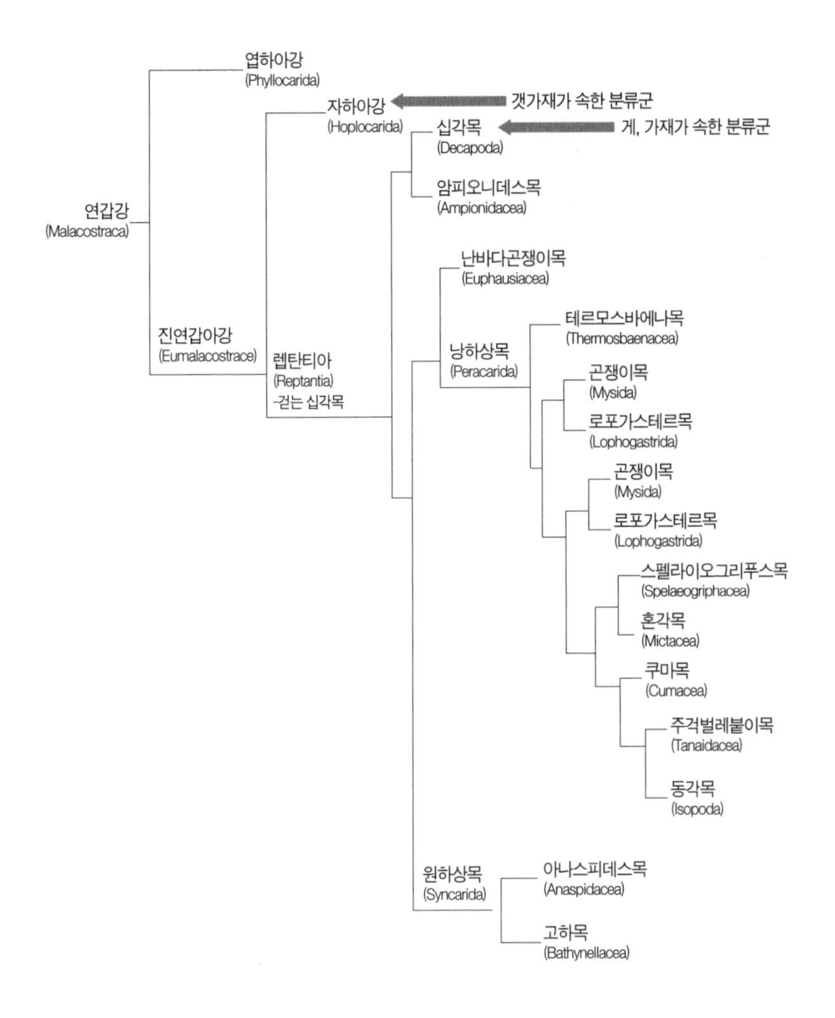

3-2 갯가재와 게, 가재가 속한 연갑강의 계통도

일 재미있는 특징은 저들의 맨 앞다리, 그러니까 가슴 쪽에 부착된 부속지입니다. 이 부속지는 갈고리 형태 또는 넓게 퍼진 형태를 하고 있습니다. 이들은 사냥할 때 앞다리를 사용하는데, 소라게처럼 단단한 껍질 안에서 사는 먹이를 사냥할 때 일종의 '펀치'를 합니다. 먹이를 먹기 위해서 깨부수는 활동을 하는 것이죠. 이 부속지를 휘두르는 속도는 매우 빠른데, 인간이 눈을 깜빡이는 속도보다 훨씬 더 빠르다고 합니다.

갯가재의 화석 기록은 매우 많습니다. 여기서는 그중 몇몇 갯가재의 화석을 살펴보도록 하겠습니다.

3억 년 전부터 살았던 절지류

현재까지 알려진 가장 오래된 갯가재의 화석은 미국에서 발견되었습니다. 미국 몬태나주의 히트 셰일층Heath Shale Formation에서 발견된 스퀼리테스 스피노수스*Squillites spinosus*라는 갯가재로, 무려 3억 년 전에 살았던 갯가재입니다. 이 생물의 화석에서 복부 일부와 신체의 앞쪽에 부착된 부속지 일부가 발견되었습니다. 부속지는 비록 온전하게 보존되지는 않았지만 오늘날 갯가재가 먹이를 사냥할 때 사용하는 부속지와 유사한 것으로 보입니다. 거기다가 복부 쪽의 부속지는 오늘날 갯가재처럼 매우 크기가 작았지요. 1938년에 이 생물을 학계에 보고한 일리노이대학교의 해럴드 스콧 박사는 스퀼리테스가 오늘날 갯가재가 속해 있는 갯가재과Squillidae에 속하는 것으로 보인다고 지적했습니다.

2007년에 미국 워싱턴대학교 소속의 프레더릭 쉬램 연구원은 미국 메이존 크릭에서 발견된 3억 1천 3백만 년 전 즈음에 살았던 구각목에 속하는 생물 여러 종류를 보고하였습니다. 당시 이 표본들은 카네기 자연사박물관, 필드 자연사박물관, 이탈리아 시민자연사박물관, 스코틀랜드 로열박물관, 샌디에이고 자연사박물관, 벨기에대학교, 독일 베스트팔렌 자연사박물관 등 여러 박물관에서 발견되었지만 아직 제대로 된 연구는 진행되지 않은 상황이었습니다.

당시 쉬램 연구원이 보고한 갯가재들은 티란노폰테스*Tyrannophontes*, 다이달*Daidal*, 그리고 고르고노폰테스*Gorgonophontes*라고 하는 갯가재였습니다. 이 동물들은 후에 나타난 갯가재와는 해부학적으로 약간 차이점은 있었지만, 신체의 모습은 오늘날 갯가재처럼 가재와 매우 유사하였습니다. 즉, 최소한 3억 년 전부터 갯가재는 가재와 비슷한 모습을 하였다고 볼 수 있습니다.

독일 졸렌호펜 지역에는 쥐라기 후기 시기, 그러니까 대략 1억 5천만 년 전후에 만들어진 퇴적층이 있습니다. 그 유명한 시조새 또한 이 지역에서 발견되었지요. 2008년 독일 울름대학교의 연구진은 졸렌호펜 지역에서 발견된 여러 절지동물의 화석을 학계에 보고하였습니다. 이들은 모두 가재와 비슷하게 생겼습니다. 하지

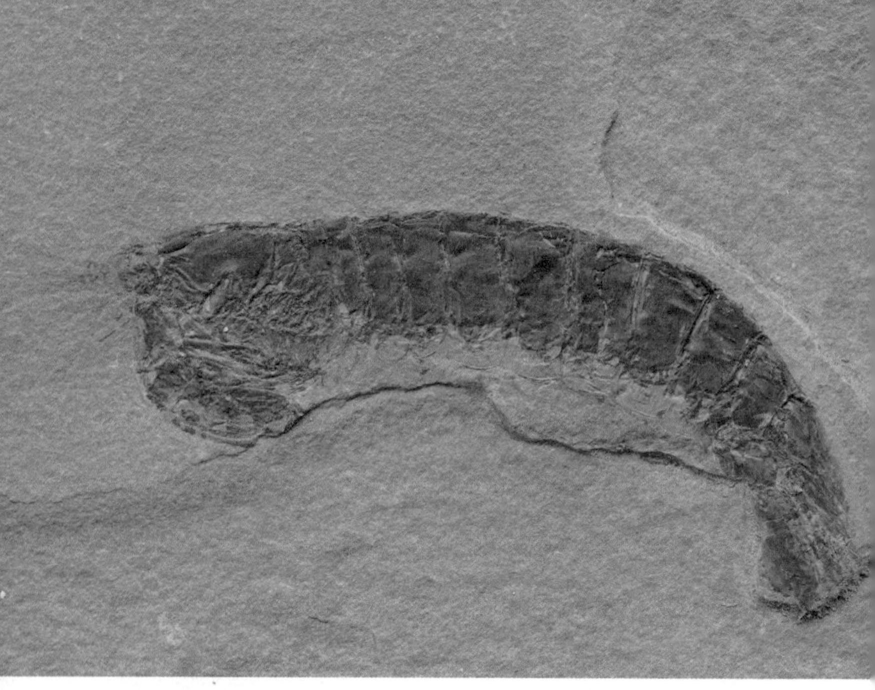

3-3 티란노폰테스의 화석. 3억 년 전 즈음에 살았던 갯가재의 모습이다. © Oilshale

만 연구진은 이들이 모두 가재가 아니라 구각목, 그러니까 갯가재의 한 종류인 스쿨다*Sculda*, 세우도스쿨다*Pseudosculda*라는 생물이라고 결론 내렸습니다. 2009년에는 그중 한 생물에게 스피노스쿨다 에를리키*Spinosculda ehrlichi*라는 학명을 부여하기도 하였습니다.

한편 2021년 뮌헨대학교의 연구진은 졸렌호펜에서 발견된 화석 중에서 몇몇 개체를 좀 더 상세히 연구해 신종으로 보고하였습니다. 티란노스쿨다 라우라에*Tyrannosculda laurae*라고 명명된 이 생물은 어린 개체부터 다 자란 성체까지 여러 개체가 발견되었습니다. 발견된 개체들은 모두 공통적으로 가재와 비슷하면서도 (먹이를 사냥할 때 쓰는) 앞다리는 갯가재 특유의 넓은 형태의 모습을 하고 있었습니다. 연구진이 이들을 갯가재로 분류한 이유도 이것이었죠.

위에서 언급한 사례 외에도 갯가재의 화석 기록은 공룡이 살던 시대인 중생대, 그리고 공룡 이후 시대인 신생대에도 보고된 바 있습니다. 그중엔 우리나라에서 발견된 사례도 있습니다. 경상북도 포항시에는 두호층이라고 하는 지층이 있습니다. 대략 2천만 년에서 1천 5백만 년 전 즈음에 바다에서 만들어진 이 지층에서는 여러 해양생물의 화석이 발견되고는 합니다. 갯가재의 화석은 1985년, 지금은 은퇴하신 윤혜수 명예교수에 의해서 처음 학계에 보고되었습니다. 당시 윤혜수 교수는 포항에서 갯가재 레에스퀼라 바예*Leesquilla bajee*, 레에스퀼라 수니*L.sunii*, 포스퀼라 스키소덴티카*Pohsquilla scissodentica*, 포스퀼라 네오니카*P. neonica*, 그리고 오늘날 갯가재가 속한 분류군인 스퀼라*Squilla* sp.를 보고하면서 이 화석들을 토대로 두호층의 기후에 대한 연구결과를 내놓았습니다. 연구에 따르면 갯가재는 전반적으로 열대, 아열대 기후에서 주로 서식하는 경향이 있었습니다. 따라서 두호층에서 발견된 갯가재는 당시 우리나라가 온난하고 아열대성 기후대에 속했다는 것을 의미한다고 볼 수 있습니다.

왜 가재와 비슷한 모습으로 진화했을까?

갯가재의 진화는 어떤 과정을 거쳤을까요? 독일 졸렌호펜에서 발견된 갯가재의 화석을 연구한 독일 연구진은 갯가재의 진화가 4단계를 거쳐서 일어났다고 주장하였습니다. 먼저 가슴 쪽에 있는 다리, 즉 걷거나 유영하는 데 쓰인 다리가 퇴화합니다. 그러면서 가장 맨 앞으로 온 다리가 넓게 펴지는 식으로 진화합니다. 이 다리는 후에 사냥에 사용하지요. 이후 복부가 납작해지고, 마지막으로 꼬리마디가 사각형 형태로 발달했다고 합니다.

갯가재가 가재와 비슷한 신체구조를 가진 형태로 진화한 것을 보면 왜 이런 식으로 진화한 것인가 하는 의문이 듭니다. 가재도 아닌데 가재랑 비슷한 모습을 하고 있기 때문이죠. 이런 식으로 분류학적으로 다른데도 신체구조가 비슷하게 진화한 이유는 뭘까요?

오늘날 갯가재들은 주로 해저의 바닥을 기어 다니면서 생활합니다. 가재와 비슷하게 말이죠. 따라서 갯가재는 진화 과정에서 가재와 비슷한 방식으로 살면서 신체가 가재와 비슷한 구조로 진화한 것으로 보입니다. 전반적으로 보면 가재가 아닌 생물이 가재와 비슷한 신체구조를 갖추는 방향으로 진화한 것은 게화와 비슷하다고 볼 수 있습니다. 이 경우에도 생태적 유사성, 그러니까 생태계에서 살아갈 때 비슷한 삶을 살기 때문입니다. 비슷한 생태를 살면 신체구조 또한 비슷해지는 것이 유리하기 때문이지요. 분류학적으로는 가깝지 않은 사이라도 생태계에서 비슷하게 살도록 진화하였다면 비슷한 신체구조를 가지는 것은 어찌 보면 자연스러운 현상입니다.

4. 개형충의 사랑

혹시 개형충이라는 생물에 대해서 들어보신 적 있으신가요? 아마 들어본 적이 많지는 않을 겁니다. (저도 대학 시절에 개형충을 연구하는 선배를 만나고서 알게 되었습니다.) 개형충은 곤충이나 거미와 같은 절지동물인데, 한 쌍의 껍질을 두른 매우 미세한 크기의 갑각류입니다. 아주 커봐야 센티미터 단위의 크기인 매우 작은 생물이죠. 언뜻 보기엔 별거 아닌 것처럼 보일 수 있지만 사실 공룡 시대보다 훨씬 이전인 무려 4억 8천 5백만 년 전인 오르도비스기에 지구상에 출현해서 8천 종에서 1만 종이 넘는 개형충이 매우 활발하게 지금까지 살고 있습니다. 개형충과 같은 작은 생물의 화석은 환경에 따라 사는 종류에서 차이점이 뚜렷하게 나타납니다. 그래서 개형충 화석은 과거 지구의 고환경을 연구할 때 주요 참고자료로 쓰이

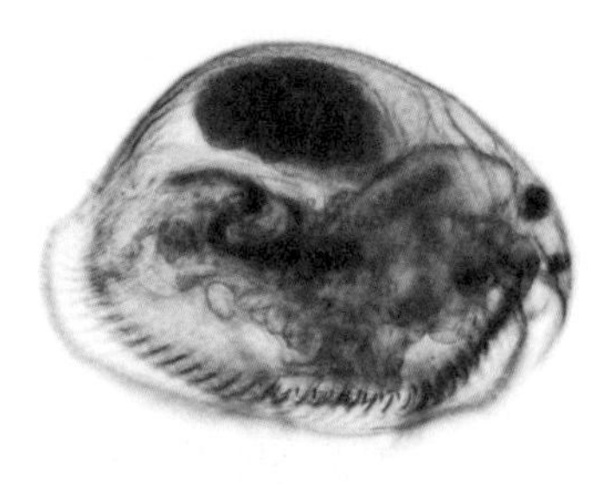

4-1 오늘날 개형충의 모습. 3d_vicka 제공

4-2 개형충의 화석. 한국공룡연구센터 제공

기도 합니다.

개형충은 성별에 따라서 신체에서 차이점을 보입니다. 수컷의 경우는 긴 앞다리가 있는데 교미를 할 때 암컷을 붙잡는 용도로 이용하죠. 생식기관에서도 차이점이 보이는데, 암수 둘 다 한 쌍의 생식기를 가지고 있지만, 수컷의 경우는 젠케르 기관zenker organ이 있습니다. 이 기관을 5개의 나선 형태의 튜브 모양 근육이 감싸고 있습니다. 이 기관의 역할은 교미할 때 근육을 움직여서 수컷의 정자를 밀어서 배출하는 역할을 합니다. 암컷의 경우는 반대로 수컷에서 온 정자를 담아두는 주머니인 정자낭seminal receptacles을 가지고 있습니다. (정자낭은 편형동물과 절지동물에서 보이는 특징입니다.)

개형충은 교미할 때 수컷이 암컷에게 올라타서 긴 앞다리로 암컷을 단단히 붙잡는 것으로 시작합니다. 암컷을 붙잡은 뒤에 한 쌍의 생식기를 암컷의 생식기에 집어넣지요. 그러면 수컷의 젠케르 기관에 부착된 근육이 움직여 정자를 사출합니다. 암컷은 그렇게 들어온 정자를 정자낭에 보관하다가 수정을 하지요.

2020년 중국에서 개형충 화석이 새로 발견되었습니다. 화석을 연구한 중국 베이징의 과학기술대학교와 중국 과학기술원, 독일의 뮌헨 대학교와 런던의 퀸 메리 대학교 연구팀의 공동연구에 따르면, 개형충의 교미 방식 즉, 수컷이 암컷을 앞다리로 붙잡고 수컷이 근육이 달린 생식관을 암컷의 생식기에 넣으면 암컷이 몸 안의 정자낭에 정자를 보관하는 방식은 1억 년의 기간 동안 변화가 없었다고 합니다.

사랑을 나누고 있던 개형충의 화석

미얀마 최북부의 카친주Kachin province에는 후캉 계곡이라는 곳이 있습니다. 이곳에는 백악기 중기인 1억 년 전 만들어진 호박 광산이 있습니다. 호박이란 나무의 수액이 굳어져서 만들어진 광물입니다. 이 호박에 간혹 생물이 안에 담긴 채로 발견되기도 합니다. 영화 〈쥬라기공원〉에 나온 것처럼 모기나 여러 곤충들이 보존된 채 발견되기도 하고, 도마뱀, 새의 날개, 심지어 공룡의 꼬리가 보존된 사례도 있습니다.

이 미얀마 지역에서 여기서 다루는 개형충 화석이 2종의 파리와 함께 호박에 담긴 채로 발견되었습니다. 무려 39개체가 발견되었지요. 이 중에서 31개체는 신종 개형충으로, 연구진은 이 신종에 미얀마르시프리스 후이*Myanmarcypri hui*라는 학명을 명명하였습니다.

미얀마르시프리스는 수컷과 암컷이 모두 온전할 뿐만 아니라 부드러운 부속지까지 발견되었습니다. 보통은 껍질만 발견되는데, 이번 개형충 화석은 호박 속에 담긴 채로 발견된 덕분이었지요. 그뿐만 아니라 3D 엑스레이로 CT 스캔을 한 결과, 개형충의 내부 기관, 그중에서 생식기관이 발견되었습니다. 미얀마르시프리스의 수컷은 매우 길고 끝에 갈고리가 있는 다섯 번째 다리를 가지고 있었고, 한 쌍의 생식기, 정자를 사출하는 근육인 젠케르 기관이 확인되었습니다.

암컷은 수컷과 달리 긴 앞다리를 가지고 있지 않았습니다. 암컷에서는 수컷이 내보낸 정자를 보관하는 정자낭과 직경 50㎛인 무정란 4개가 있었습니다. 정자낭 중에는 최소 길이 200㎛인 정자를 안에 수반하고 있는 주머니도 있었지요. 이 특징들은 흥미롭게도 현재 사는 개형충에서도 동일한 기관이 형태만 다른 모습으로 존재하고 있습니다.

이러한 관측 결과를 토대로 연구진은 개형충의 교미행동이 1억 년의 시간 동안 변화 없이 동일하게 진행되어 왔다고 결론을 내렸습니다. 눈으로도 보기 힘든 이 작은 동물이 사랑을 나누는 방식은 공룡 시대부터 지금까지 변하지 않고 그대로 이어져온 셈입니다.

5. 삼엽충의 눈과 다리

사람들에게 흔히 알고 있는 고생물을 말해보라고 하면 다음 세 가지는 꼭 나옵니다. 삼엽충, 공룡, 매머드. 이 중 삼엽충이 가장 오래된 생물입니다. 공룡이 나타나기도 전에 이미 멸종한 절지동물이지요.

삼엽충은 몸이 세 부분의 신체구조로 나누어지기 때문에 삼엽충이라는 이름이 붙었습니다. 삼엽충의 신체는 크게 머리, 몸통, 꼬리로 나뉘며, 동시에 신체의 가운데 마디인 축엽을 중심으로 두 개의 엽이 존재합니다. 이렇게 세 마디로 나누어지기 때문에 삼엽충으로 불리는 것이죠.

몸이 세 마디로 나뉜다는 점 외에도 삼엽충은 눈과 다리에 매우 특이한 특징이 있었습니다. 바로 단단한 눈과 호흡을 하는 다리

5-1 삼엽충. 한국공룡연구센터 제공

입니다.

단단한 삼엽충의 눈

옛말에 몸이 천 냥이면 눈이 구백 냥이라고 했습니다. 그만큼 앞을 본다는 것은 매우 중요하다는 뜻입니다. 눈은 생물에 따라 기능을 달리 합니다. 어두운 동굴이나 깊은 심해에서 사는 경우 생물의 눈은 빛의 유무만을 감지할 수 있지만, 인간의 눈은 빛을 감지하는 것을 넘어 빛뿐만 아니라 빛을 반사하는 사물과 빛의 반사로 투영되는 색깔을 감지할 수 있습니다. 즉, 태양빛의 하나인 가시광선을 통해서 앞을 뚜렷하게 볼 수 있다는 뜻입니다.

인간을 포함한 대부분의 척추동물 눈은 표면이 각막으로 이루어져 있습니다. 그리고 안쪽에 빛을 수용하는 정도를 조절하는 동

5-2 초접사 촬영한 감탕벌의 얼굴. 겹눈이 매우 큰 형태를 하고 있다. 곤충의 눈은 매우 많은 눈이 뭉쳐서 겹눈을 이루고 있다. ⓒ 이수빈

공(눈동자 중앙의 검은색 원형 부분)이 있지요. 그 동공에 수정체가 있어서 눈으로 들어오는 빛을 굴절시킵니다. 굴절된 빛은 눈 안쪽의 시신경에 닿으면 신호로 바뀌어 두뇌로 전달됩니다. 눈을 통해서 사물을 볼 때 이런 과정을 거칩니다.

하지만 절지동물의 경우에 눈의 구조가 사람과 다릅니다. 이들은 두 가지 형태의 눈을 가지고 있습니다. 첫 번째는 조그마한 낱눈이 수천 개가 넘게 한 곳에 뭉쳐져 있는 구조를 하고 있는 눈입니다. 이런 구조를 겹눈compound eye이라고 합니다. 두 번째는 홑눈ocellar eye이라는 눈으로 절지동물의 머리 중앙부에 위치한 눈입니다. 구조가 다른 만큼 이 두 눈은 기능도 다른데, 겹눈의 경우에는 주변 환경을 넓고 다양하게 보는 데 유리합니다. 반면 홑눈은 주로 빛을 감지하는 것에 특화되어 있습니다. 이렇게 다른 구조의 눈을 가지고 있기에 절지동물은 사람과는 매우 다른 모습으로 세상을 봅니다. 대부분의 절지동물은 겹눈과 3개의 홑눈을 가지고 있지만, 경우에 따라서 4개, 혹은 6개의 홑눈을 가지고 있거나 또는 어릴 때 홑눈을 가지고 있다가 성장하면서 사라지는 경우도 있습니다.

곤충이 갖고 있는 이러한 형태의 눈 구조는 지금은 멸종한 생물인 삼엽충에서도 보이는 구조입니다. 그런데 삼엽충은 눈으로 들어오는 빛을 굴절시키는 수정체가 방해석이라고 하는 매우 단단한 물질로 이루어져 있습니다. 덕분에 삼엽충의 눈은 지금도 제법 온전하게 보존되는 경우가 많습니다.

5-3 삼엽충의 겹눈. © RealGatba

독일의 쾰른대학교와 영국의 에든버러대학교 연구팀이 2020년 8월 삼엽충의 눈을 분석한 새로운 연구를 발표하였습니다. 4억 2천 9백만 년 전에 살았던 삼엽충으로 아우라코플레우라 코닌키*Aulacopleura koninckii*라는 이름의 삼엽충이 그 주인공입니다. 이 삼엽충은 1846년에 처음 보고된 삼엽충으로, 체코에서 발견되었습니다. 연구팀이 삼엽충의 눈을 정밀분석을 한 결과 삼엽충의 겹눈을 이루고 있는 낱눈에서 8개의 수용체 세포receptor cells와 봉상체rhabdom, 감각경 등 오늘날 낮에 활동하는 곤충들이나 갑각류들에서 보이는 겹눈과 유사한 구조를 띠고 있음을 발견했습니다. 다시 말해 삼엽충의 눈은 오늘날 낮에 활동하는 곤충과 비슷한 눈을 가지고 있었던 것입니다.

삼엽충의 겹눈은 그 형태에 따라 3가지로 분류가 됩니다.

홀로크론 겹눈 Holochroal eye

홀로크론 겹눈은 1개의 각막이 눈 전체를 덮은 형태의 겹눈으로, 가장 오래된 삼엽충의 눈입니다. 이 형태의 겹눈은 겉에서 보면 다른 겹눈과 달리 한 개의 큰 눈으로 이루어진 모습을 하고 있습니다. 홀로크론 겹눈은 수정체의 개수에 따라 두 가지 형태로 나뉩니다. 수정체가 1개인 것, 수정체가 수백에서 수천 개인 것으로 나누어지지요.

아바토크론 겹눈 Abathochroal eye

아바토크론 겹눈은 삼엽충 중에서 5억 4천만 년에서 5억 년 전 즈음에 살았던 삼엽충인 에오디스키스과Eodiscidae에서만 보이는 겹눈입니다. 이 겹눈의 특징은 작은 수정체가 각각 얇은 각막으로 덮인 형태입니다. 이 겹눈은 원거리와 근거리를 상황에 따라 초점을 다르게 잡을 수 있다고 합니다. 이런 걸 이중초점이라고 하죠.

스키조크론 겹눈 Sxhizochroal eye

스키조크론 겹눈은 파코피스류Phacopid라는 분류군에 속하는 삼엽충에서만 보이는 특징입니다. 이 겹눈은 수정체의 크기가 크고,

수정체 지름의 절반 정도 길이만큼 겹눈이 따로 따로 떨어져 있는 형태를 하고 있지요. 수정체는 위아래로 볼록한 그릇 모양을 하고 있습니다. 그릇을 위아래로 포개놓은 모습이죠. 이 모습의 수정체는 빛을 굴절시켜서 물체를 뚜렷하게 보는 데 적합합니다.

스키조크론 겹눈에는 해결되지 않은 의문점 두 가지가 있습니다. 첫째, 이 겹눈의 수정체 아래에는 여러 캡슐로 이루어진 띠가 존재합니다. 이 캡슐의 역할이 무엇인가는 아직 밝혀지지 않았습니다. 다만 감지기능이 있는 감각기관이라는 점은 분명한 듯합니다.

두 번째 의문점은 이 겹눈에서 수정체는 왜 거리를 두고 있는가입니다. 거리를 두고 비어 있는 곳은 빛을 감지할 수 있는 기관이 있는 것이 아니라 완전히 텅 빈 공간으로 보이기 때문입니다. 그 비어 있는 공간으로는 빛이 지나가도 그곳을 지나는 빛은 볼 수 없습니다.

이외에도 몇몇 삼엽충들은 깊은 심해에 들어가서, 또는 어두운 곳에 들어가서 서식해서 눈이 퇴화한 경우도 있습니다. (그중에는 연체동물의 껍데기 안에서 살던 삼엽충도 있었다고 합니다.) 오늘날에도 동굴이나 심해에서 서식하는 동물들은 눈의 기능이 퇴화된 경우가 많지요. 삼엽충이 이렇게 다양한 눈을 지닌 것은 각각의 종들이 서식 환경에서 생존 및 적응하는 방식이 달랐다는 것을 의미합니다.

그렇다면 홑눈은 어떨까요? 겹눈과는 달리 삼엽충의 홑눈은 그동안 보고된 사례가 없었습니다. 이런 이유로 오랫동안 삼엽충은 홑눈이 없는 것으로 여겨졌습니다. 그런데 2023년 3월 쇼네만 교수와 클락슨 교수는 삼엽충의 홑눈에 대한 리뷰 및 연구내용을 발표하였습니다. 이들은 연구를 통해 처음으로 두 종류의 삼엽충에서 홑눈의 존재를 확인한 것입니다. 이 삼엽충은 앞서 소개한 삼엽충인 아우라코플레우라 코닌키이*Aulacopleura koninckii*와 원양에서 서식하는 사이클로피게 시빌라*Cyclopyge sibilla*였습니다. 이들이 발견한 삼엽충은 아직 어린 과정에 있는 삼엽충들이었는데, 쇼네만과 클락슨은 어쩌면 삼엽충은 오늘날 갑각류처럼 어린 시절 홑눈을 가지고 있다가 성장하면서 홑눈이 사라지는 과정을 거치기에 현재까지 삼엽충에서 홑눈의 흔적을 볼 수 없었던 것 아니었을까 하고 추정했습니다. 사이클로피게 시빌라의 홑눈은 내부 구조가 중앙에 있는 하나의 방을 감싸는 6개의 방으로 이루어진 구조였습니다. 연구자들은 이를 두고 어쩌면 삼엽충의 홑눈은 서식지에 따라 그 기능이 달랐을 것으로 보았습니다.

삼엽충은 다리로 호흡한다?

삼엽충의 눈과 달리 삼엽충의 다리는 본래 보기 쉽지 않은 부분입니다. 보존되지 않고 소실되는 경우가 대부분이기 때문이죠. 그런데 2020년에 발표된 연구에 따르면, 두 표본에서 삼엽충의 다리가 발견되었습니다. 한 표본은 캐나다 서쪽의 로키산맥에 있는 버제

5-4 오레노이데스 세라투스의 화석 © Daderot

스 셰일에서 발견된 5억 8백만 년 전에 살았던 삼엽충이었습니다. (이름은 오레노이데스 세라투스*Olenoides serratus*입니다.) 다른 표본은 미국 뉴욕에 있는 비처 삼엽충 층원Beecher's trilobite bed에서 발견된 4억 5천만 년 전에 살았던 삼엽충이었죠. (이름은 트리아르트루스 에아토니*Triarthrus eatoni*입니다.)

삼엽충의 다리는 크게 '위 체절'과 '아래 체절'로 나뉩니다. 다리의 모습은 끝으로 갈수록 가느다란 형태를 하고 있었습니다.

재밌는 것은 삼엽충의 다리에 가는 실과 비슷한 구조가 부착되어 있었다는 점입니다. 이 구조를 세밀하게 확대해보니 마치 아령과 비슷한 형태를 하고 있었습니다. 정확히는 다리에 부착된 실과 비슷한 구조에서 바깥쪽이 아령과 비슷하게 생겼습니다. 아령과 비슷한 구조의 너비는 공처럼 두꺼운 부분이 31~49㎛이고 중간의 가느다란 부분의 너비는 15~26㎛ 정도 되었죠.

아령과 비슷한 구조의 아가미

삼엽충의 다리에 부착된 이 아령과 비슷한 구조는 어떤 역할을 했던 걸까요? 오늘날 갑각류들의 아가미에는 2개의 관이 있습니다. 산소가 감소한 헤모글로빈이 있는 혈림프가 흐르는 관, 그리고 산소가 보충된 헤모글로빈이 있는 혈림프가 흐르는 관이 있죠. 삼엽충의 아령과 비슷한 구조를 살펴본 연구진은 이것이 아가미라고 결론을 내렸습니다. 갑각류의 아가미에서 볼 수 있는 관(호흡을 할 때 산소가 다니는 관)이 내부에 존재했기 때문입니다. 말하자면 삼엽충의 아가미는 다리에 부착되어 있었던 것입니다.

그렇다면 호흡하는 기관인 아가미가 왜 다리에 부착된 것일까요? 심지어 아가미가 부착된 탓에 삼엽충의 다리는 움직임에 제약이 있었을 것입니다. 굳이 이런 불편함을 감수하면서까지 아가미를 다리에 부착한 것을 연구진은 호흡기관을 보호하기 위한 것으로 보고 있습니다. 즉, 움직임이 제한되더라도 호흡기관을 외부의 공격으로부터 보호하는 것이지요. 어차피 외부는 단단한 껍질이 있었으니까요.

중간 형태

삼엽충의 다리를 조사하면서 연구진은 한 가지 재미있는 사실을 발견했습니다. 절지동물 중에는 다리가 두 가닥으로 난 부류가 있습니다. (참고로 곤충은 그 부류에 속하지 않습니다.) 갑각류 역시 이 중 하나이죠. 이들의 다리는 걷는 다리가 부착되는 내지endopodite와 외지exopodite가 있습니다. 그런데 화석 기록을 보면 현생 생물과 화석 협각류(거미, 전갈 등이 포함된 분류군)는 두 가닥으로 부착된 다리 구조에서 차이가 있습니다. 화석 협각류의 경우에는 외지가 내지와 완벽하게 떨어져 있으며, 외지가 체벽body wall에 붙어 있습니다. 그에 반해서 현생 생물의 외지는 체벽에서 떨어져서 내지에 붙어 있는 모습을 하고 있습니다. 삼엽충의 외지는 이 형태의 중간으로, 외지가 내지 쪽에 붙은 모양을 하고 있습니다. 즉, 화석 절지동물의 다리 구조와 현재 절지동물의 다리 구조의 중간과정 형태가 삼엽충의 다리에서 보인 것입니다. 어쩌면 이것은 절지동물의 다리 진화에 대해서 새로운 단서를 제공하는 것일 수도 있겠습니다.

6. 5억 년 전의 미스터리

고생물학은 화석을 연구하는 학문입니다. 화석은 과거에 생물의 흔적이 돌과 같은 성분으로 변이해서 지금까지 남아 있는 것이죠. 생물의 몸, 더 정확히 말하자면 뼈, 껍질 등 단단한 부분이 주로 화석으로 남습니다. 그 외에 발자국, 알, 기타 흔적이 화석으로 남기도 하지요. 그래서인지 간혹 화석으로 발견된 생물의 흔적 중에는 정체를 알 수 없는 것도 존재합니다. 여기서는 정체를 알 수 없는 화석 중에서 매우 특이하게 생긴 화석을 소개해보려 합니다.

벌집과 비슷하게 생긴 특이한 구조물

유럽 르네상스 시기의 위대한 발명가이자 화가였던 레오나르도

6-1 팔레오딕티온 화석. tygrys74 제공

다빈치. 르네상스 시대의 예술가로 우리에게 알려진 다빈치는 〈모나리자〉, 〈최후의 만찬〉 외에도 여러 업적을 남겼습니다.

하지만 레오나르도 다빈치에 대해서 사람들이 잘 모르는 것이 하나 있습니다. 바로 화석연구이죠. 레오나르도 다빈치는 화석이 과거에 살았던 생물의 흔적이라는 것을 처음 알아낸 사람 중 하나입니다. 그가 남긴 스케치를 보면 특이한 그림이 있습니다. 마치 육각형 형태의 구조물이 다닥다닥 모여 있는 모습을 하고 있지요. 다빈치가 화석을 기록한 것을 연구한 포르투갈의 학자 안드레아 바우콘Andrea Baucon은 네 가지 근거로 이것이 특정 생물의 화석이라고 결론 내렸습니다. 이유는 이렇습니다. ① 화석 등 지질학적 물체와 같이 기록되었다는 점, ② 다른 기하학, 또는 기술 연구를 다룬 것처럼 메모가 기록되지 않은 점, ③ 이 구조물이 다빈치가 여러 번 지질조사를 했던 이탈리아의 아페닌 포레딥Apennine foredeep 지역에서 발견된 점, ④ 다빈치가 그림을 그린 책은 주로 흔적화석과 생물이 남긴 흔적을 조사하고 기록한 것이라는 점이었습니다.

1850년 이탈리아의 지질학자 조세프 지오바니 안토니오 메네기니Giuseppe Giovanni Antonio Meneghini는 다빈치가 그린 그림의 형태와 매우 유사하게 생긴 화석을 학계에 보고하였습니다. 알프스산맥, 그중에서 토스카나주 인근의 지질을 조사하던 그는 특이하게 생긴 화석을 발견하였습니다. 마치 벌집과 비슷하게도 육각형이 모여 있는 구조를 한 화석이었습니다. 언뜻 봐서는 벌집이 화석으로 남은 것인가 하는 생각이 들 정도로 특이했죠. 정체를 정확히 알 수 없는 이 화석에 메네기니는 팔레오딕티온*Paleodictyon*이라는 학명을 부여하였습니다.

팔레오딕티온을 남긴 생물은 매우 오랜 시간 동안 지구에서 살았던 듯합니다. 화석 기록을 보면 팔레오딕티온은 무려 캄브리아기, 그러니까 대략 5억 년 즈음부터 나타나기 시작합니다.

그 이후로 공룡이 살던 시대인 중생대, 그리고 공룡 시대 이후인 신생대 중기 마이오세, 그러니까 대략 1천 5백만 년에서 1천만 년 전 즈음까지 나타납니다. 말하자면 생존 시기가 대략 5억 년 정도 된다는 것입니다. 이 화석은 발견된 지역도 매우 다양합니다. 유럽에서는 이탈리아, 폴란드, 프랑스, 독일, 체코, 그리고 불가리아에서 발견되었고, 유럽 이외 지역에서는 이란, 호주, 캐나다, 터키, 아르헨티나, 대만, 일본에서 발견된 사례가 있습니다. 팔레오딕티온을 남긴 생물은 매우 오랜 시간 동안 매우 넓은 범위에서 서식했던 것입니다. 발견된 해양 환경도 깊은 심해부터 얕은 바다까지 다양했습니다.

그렇다면 이 팔레오딕티온은 대체 무엇일까요? 아쉽게도 정확한 것은 아직 알 수 없습니다. 다만 크게 두 가지 견해가 존재합니다. 하나는 생물이 남긴 땅굴이라는 것, 그리고 하나는 거대한 단세포생물이라는 것입니다.

생물이 남긴 흔적일까?

1976년 대서양의 심해에 대한 연구가 진행된 적이 있습니다. 70년대 이전까지만 해도 심해에서는 생물이 살기 어렵다는 의견이 주류였습니다. 아주 깊은 심해에는 햇빛이 닿지 않고, 햇빛이 닿지 않는 깊은 심해에서는 앞을 제대로 볼 수 없다는 문제가 있습니다. 거기에 광합성을 하는 식물이나 식물성 플랑크톤도 살아갈 수 없어 생태계의 기반 역할을 하는 생산자가 제대로 살 수 없습니다. 또한 깊은 심해에서는 수압이 매우 강력하다는 문제가 있습니다. 강한 수압 때문에 만약 생물이 그곳에 들어갔다간 찌그러지고 말 것입니다. 이러한 문제점 때문에 1970년대까지 심해에서는 생물이 살 수 없다는 의견이 대세였습니다.

하지만 2차 세계대전 이후 기술 발전이 이루어졌고, 덕분에 인류는 깊은 심해를 탐사할 수 있게 되었습니다. 전쟁 이후 깊은 심해를 다닐 수 있는 잠수함, 그리고 심해를 탐사할 수 있는 초음파 기술이 발달한 것입니다.

기술의 발전으로 탐사한 심해의 모습은 매우 환상적이었습니다! 별다른 생물이 없을 것이라 생각했던 깊은 심해에서도 생물이 살고 있었기 때문입니다. 그것도 어쩌다가 생물을 보는 수준이 아니었습니다. 여러 생물이 모여서 아주 크고 복잡한 생태계를 이루고 있었습니다.

심해의 생물들은 열수공 근처에서 생태계를 이루고 있었습니다. 열수공은 일종의 해저 화산입니다. 육지에서 화산은 매우 강력한 파괴력을 지닌 무시무시한 존재입니다. 하지만 깊은 심해에 있는 열수공은 전혀 상황이 달랐습니다. 열수공은 검은색 연기가 뿜어 나오는 형태를 하고 있습니다. 이 연기에는 마그네슘, 망간 등 여러 광물이 포함되어 있죠. 그중에는 메탄이나 황과 같은 물질도 포함되어 있습니다. 그리고 몇몇 박테리아들은 이 물질을 이용해서 영양분을 얻습니다. 마치 육상의 식물이 햇빛으로 광합성을 하는 것처럼 이 박테리아들은 햇빛 대신 메탄 같은 화학물질을 분해해서 에너지를 얻습니다. 이를 화학합성이라고 합니다. 이렇게 심해 바닥에서 박테리아가 서식하기에 이들을 먹고사는 생물도 살고 있다는 것이 밝혀졌습니다. 아울러 이렇게 살아가는 생물을 잡아먹는 생물이 있기에 깊은 심해에서도 생태계가 형성된 것입니다. 게다가 고래와 같은 거대한 생물이 죽어 심해로 가라앉으면 그곳은 말 그대로 만찬이 이루어지는 장소가 됩니다! 이런 이유로 고래의 무분별한 포획은 깊은 심해 생태계에도 영향을 미칠 수 있습니다.

각설하고, 과학자들은 심해를 탐사하는 과정에서 팔레오딕티온의 정체를 알아낼 수 있는 단서를 발견합니다. 팔레오딕티온과 매우 유사한 구조물을 발견한 것입니다. 대략 10센티미터 정도의 여러 땅굴이 벌집과 비슷한 형태로 파인 형태의 구조물이었습니다. 이 구조물은 대서양 말고도 극지방에서도 발견되었습니다.

하지만 아쉽게도 이 구조물을 만든 생물은 발견되지 않았습니다. 구조물은 여러 번 보고되었지만 전부 다 '빈 집'이었기 때문입니다. 다만 이 구조물을 조사한 결과, 학자들은 이 구조물에 여러 개의 관이 존재한다는 것을 발견했습니다. 물을 빨아들이는 역할을 하는 것으로 보이는 이 관은 물뿐 아니라 플랑크톤이나 영양염류도 같이 빨아들인 것으로 추정됩니다. 빨려 들어간 플랑크톤이나 영양염류는 그 안에서 서식하는 생물의 먹이가 되겠죠. 이 관은 구조물의 중앙부에 위치한 것이 가장 길다고 합니다. 정리하자면 중앙부에 있는 긴 관에 빨려 들어간 먹이는 구조물 안에 갇힌 채로 구조물을 만든 존재에게 잡아먹힌 것입니다.

팔레오딕티온이 정말로 이런 식의 땅굴 구조물인지는 아직 완벽하게 밝혀지지 않았습니다. 다만 현재는 이 견해, 그러니까 해저에 서식하는 생물이 남긴 흔적이라는 견해가 가장 널리 받아들여지고 있습니다. 이렇게 생물이 땅굴을 판 흔적이 화석으로 남은 것이 흔적화석입니다. 이 견해대로라면 팔레오딕티온 역시 흔적화석인 셈입니다.

생물 그 자체일까?

다만 몇몇 학자들은 다른 주장을 하고 있습니다. 이들은 팔레오딕티온의 생김새 그 자체에 주목합니다. 이에 따르면, 팔레오딕티온은 그 자리에서 고정된 채로 성장한 생물이라고 합니다. 이들 학자들은 말미잘이나 산호와 같이 해저 바닥에 고정된 상태로 살아가는 여러 생물들처럼 팔레오딕티온은 바닥에 고정된 채로 살아가는 단세포생물의 일종인 크세노피오포라Xenophyophorea라는 생물이라고 주장합니다. 이 생물은 언뜻 보기에 산호나 해면이랑 비슷하게 생겼지만 사실 거리가 꽤 먼 생물입니다. 주로 물에 떠다니는 유기물질이나 박테리아를 먹으며 생활하는 생물인 크세노피오포는 재미있는 생태를 가지고 있습니다. 이들은 자신들의 배설물을 이용해서 일종의 '농장'을 만듭니다. 정확히는 박테리아를 기르는 농장입니다. 자신들의 배설물로 박테리아를 기르고, 그 박테리아를 먹고, 다시 배설물로 박테리아를 기르고 다시 잡아먹는 그런 생태를 가지고 있는 것이죠.

다만 이 견해는 널리 받아들여지지는 않습니다. 몇몇 팔레오딕티온의 화석은 크세노피오포라보다 훨씬 더 큰 경우도 있었습니다. 거기에 크세노피오포라는 팔레오딕티온만큼 규칙적인 구조물을 이루는 형태가 아니라는 점 때문에 흔적화석이라는 견해만큼 널리 받아들여지지는 않습니다.

팔레오딕티온의 정체가 해면류일 것이라는 견해도 존재합니다. 해저에서 살아가는 육방해면류glass sponge라는 견해인데요, 이 생물들은 팔레오딕티온처럼 육각형 형태의 신체를 가지고 있으며, 유리와 비슷한 성분으로 이루어져 있습니다. 이런 특징 때문에 팔레오딕티온의 정체가 해면류라고 주장하는 것입니다.

여전히 팔레오딕티온의 정체는 정확히 알 수 없습니다. 어쩌면 영원히 알아내지 못할지도 모르겠습니다. 하지만 기술이 발전하고 새로운 연구방법이 도입된다면 새로운 결론이 나올지도 모릅니다. 우리가 전혀 상상하지 못한 또 다른 결론 말이죠. 이런 결론들을 통해서 과거를 알아가는 것, 그것이 고생물학이라는 학문의 매력이 아닐까 하는 생각이 듭니다.

7. 곤충화석에서 보이는 식물의 흔적

꽃은 여러 방식으로 꽃가루받이를 합니다. 꽃가루받이란 꽃의 수술에서 나오는 화분꽃가루이 다른 꽃의 암술에 묻게 되면 수분이 되어 씨앗이 만들어지는 과정이지요. 말하자면, 식물이 서로 사랑을 나누는 과정이라 할 수 있습니다. 꽃은 그 사랑을 위한 매개체인 것이죠.

하지만 식물은 사람이나 동물과 달리 스스로 움직여서 다른 꽃을 찾을 수 없습니다. 말하자면 식물이 사랑의 결실을 맺기 위해서는 도움이 필요합니다. 바람, (물에 사는 식물인 경우에는) 물, 그 외에 나비나 벌 등 여러 곤충이나 벌새, 그리고 사람의 도움이 필요하죠. 이 중에서 곤충의 경우를 한번 보겠습니다. 꽃이 곤충을 유혹하기 위해서 분비하는 꿀을 얻기 위해서 곤충이 오면 그때 곤충

7-1 꽃에서 꿀을 빨고 있는 꿀벌. 이 과정을 통해 꿀벌의 몸에 꽃가루가 묻게 되고, 그 꽃가루가 다른 꽃에 옮겨지면 꽃가루받이가 이루어진다. ⓒ 이수빈

의 몸에 화분이 묻게 되고, 그 곤충이 다른 꽃으로 이동하면 화분이 다른 꽃에 있는 암술에 묻게 되어 꽃가루받이가 되는 것이죠. 흔히들 나비나 벌을 통해 이 과정이 이루어진다고 알고 있지만, 실은 여기에는 여러 곤충이 참여합니다. 딱정벌레, 심지어 파리 중에도 이 꽃가루받이를 하는 곤충이 있습니다. 그렇다면 곤충은 과연 언제부터 이런 꽃가루받이를 하였을까요?

몸에 화분이 묻은 가장 오래된 곤충의 화석

2023년 2월 곤충과 식물의 관계가 보존된 화석 기록이 학계에 보고되었습니다. 현재까지 발견된 화석 중에서 곤충과 식물의 관계를 보여주는 가장 오래된 화석은 무려 2억 8천만 년 전에 살았던 곤충의 화석입니다. 이 곤충은 러시아의 실바 강Sylva river 근처에 분포한 2억 8천만 년 전에 형성된 퇴적층인 코셀레프카층Koshelevka Formation에서 발견되었습니다. (이 지층이 만들어진 시기는 페름기 말기로 공룡 시대보다 훨씬 이전 시기였습니다. 말하자면 여기서 발견된 곤충은 공룡보다 더 오래전에 살았던 것이죠.) 틸야르뎀비아*Tillyardembia*라는 이름의 이 곤충은 생긴 모습은 집게벌레나 강도래와 비슷하게 생겼으나 사실 메뚜기와 더 가까운 곤충입니다. 바로 이 곤충의 머리와 가슴, 그리고 꼬리 쪽에서 화분이 발견된 것입니다.

재미있는 것은 이 곤충의 화석과 함께 보존된 화분의 종류가 독특하다는 점입니다. 바로 구과식물, 그러니까 침엽수 식물의 화분인 것입니다. 침엽수 식물이란 소나무, 그리고 그와 비슷하게 잎의 구조가 바늘처럼 뾰족한 식물입니다. 이 식물들은 오늘날 꽃가루받이를 할 때 주로 바람에 의존해서 꽃가루받이를 합니다. 즉, 곤충에 의존하는 식물은 아니라는 것이죠. 그렇다면 곤충의 신체에 이런 유형의 식물 화분이 발견된 것은 무슨 이유일까요?

물론 이 곤충이 정말로 꽃가루받이를 하였는가는 아직 확실치 않습니다. 어쩌면 단순히 화분을 먹이로 삼은 곤충이었을지도 모르죠. 그래도 틸야르뎀비아의 화석은 곤충이 식물과 관계를 가진 지 2억 년도 더 넘었다는 것을 보여주는 사례라고 할 수 있습니다.

꽃가루 그 자체도 곤충의 먹이 중 하나이기 때문이지요.

딱정벌레와 함께 발견된 꽃가루받이 흔적

2019년 11월 곤충의 꽃가루받이를 좀 더 직접적으로 보여주는 곤충 화석이 발견되었습니다. 이 곤충은 위에서 나온 틸야르뎀비아가 살았던 시기보다 훨씬 더 이후인 9천 9백만 년 전에서 3백만 년 전 사이에 살았던 곤충이었습니다. 미얀마에서 발견된 호박 속에서 꽃벼룩과Mordellidae에 속하는 안기모르델라 부르미티나*Angimordella burmitina*라는 화석에서 꽃가루받이의 흔적이 발견된 것입니다. 꽃벼룩은 이름과는 달리 벼룩이 아니라 딱정벌레의 한 종류입니다. 오늘날에도 꽃벼룩에 속한 곤충들은 꽃에서 얻는 꿀과 화분을 먹습니다. 이 과정에서 꽃가루받이를 하는 것이죠.

7-2 꽃벼룩. 서울대학교 곤충동아리 Hexapoda 제공

안기모르델라 부르미티나를 처음 연구한 중국 과학아카데미 및 독일 본대학교 소속의 바오 통 박사와 왕 보 박사, 리 지안규오 박사, 그리고 미국 인디애나 대학교의 데이비드 딜처 연구원은 이

곤충의 몸에서, 좀 더 정확히 말하면 가슴과 다리에 난 털에서 최소한 62개체의 꽃가루를 발견했습니다. 꽃가루의 모양은 길쭉한 타원형 형태에 대략 25.56㎛×16.49㎛ 크기를 하고 있었습니다.

이 화분은 진정쌍떡잎식물의 한 종류인 것으로 보이는데요, 오늘날 상당히 많은 식물이 이 분류군에 속합니다. 은행나무, 느티나무도 이 분류군에 속하죠. 즉, 이 식물들이 곤충에 의존해서 꽃가루받이를 한 역사는 최소한 9천만 년은 넘었다는 것을 뜻합니다.

독일에서 발견된 등에와 배 속의 꽃가루

메셀층은 독일에 분포한 지층으로, 시대는 신생대 초기 시기인 에오세에 속하는 지층입니다. 이 지역에서 발견되는 화석들은 전반적으로 보존율이 매우 좋습니다. 그 이유는 메셀층의 퇴적환경 때문입니다. 이곳은 과거에 매우 깊은 호수였습니다. 호수의 깊숙한 곳은 산소도 물의 흐름도 없는 매우 고요한 곳입니다. 그렇기에 이곳에 떨어진 생물의 사체는 손상될 일 없이 잘 보존될 수 있었습니다.

2021년 독일 젠켄베르크 자연사박물관과 괴팅겐 대학교, 미국 캔자스 대학교와 오스트리아 비엔나 대학교의 공동 연구진은 메셀층에서 등에 화석을 발굴해 보고했습니다. 이 화석은 몸길이 11mm에 날개 길이 9mm, 너비 2.5mm인 작은 곤충의 화석이었습니다. 날개의 패턴을 살펴본 연구진은 이 화석이 현재에도 살고 있는 히르모네우라*Hirmoneura*라는 등에의 한 종류인 것을 알아내었습니다. 등에는 파리의 한 종류로 포식자로부터 자신을 보호하기 위해 벌과 매우 비슷한 모양을 하고 있는 곤충입니다. (등에와 벌은 날개를 보면 쉽게 구분할 수 있습니다. 등에와 파리는 눈에 보이는 날개가 1쌍입니다. 반면 벌은 2쌍의 날개를 가지고 있습니다. 파리에 속한 종류는 뒷날개 1쌍이 크기가 줄어들어서 몸의 중심을 잡는 기관으로 변화하였기 때문입니다. 그 외에 눈을 보면 벌의 눈은 주로 길고 뾰족하게 생겼지만 등에의 눈은 크고 둥근 형태를 하고 있습니다.) 이들은 벌처럼 꽃에서 꿀을 얻는 곤충입니다. 연구진은 이 등에가 신종이라는 것을 알아내고 히르모네우라 메셀렌세*Hirmoneura messelense*라는 종명을 붙였습니다.

연구진은 이 등에의 배 안에서 여러 종류의 식물 꽃가루를 발견했습니다. 곤충의 배 안에서 발견된 꽃가루는 총 4종류였습니다. 그중에서 부처꽃과에 속하는 물버드나무*Decodon verticillatus*와 미국 담쟁이덩굴*Parthenocissus*의 꽃가루가 가장 높은 비율을 차지했습니다. 그 외에 사포타과Sapotaceae에 속하는 식물과 물푸레나무과Oleaceae에 속하는 식물의 꽃가루가 발견되었지요. 꽃가루의 크기는 $4.8 \times 10^8 \mu m^3$였습니다. 이 중에서 특히 비중이 높은 식물은 물버드나무였습니다.

물버드나무와 미국 담쟁이덩굴은 물가 근처에서 사는 식물들입니다. 따라서 이 등에는 호숫가 근처에 살면서 그곳에 있던 식물들의 꽃가루받이를 했던 듯합니다. 실제로 오늘날 열대지방에서는 꿀벌뿐만 아니라 파리가 꽃가루받이에 매우 중요한 비중을 차지합니다. 어쩌면 꿀벌보다 더 높은 비중을 차지한다고 합니다. 아마 여기서 다루는 등에 역시 현대에 사는 그들처럼 꽃이 번식하는 데 매우 중요한 곤충이었을지도 모릅니다.

7-3 등에. 서울대학교 곤충동아리 Hexapoda 제공

과거 자신들의 조상이 그렇듯 오늘날 많은 곤충들이 꽃과 긴밀한 관계를 가지고 있습니다. 꽃과 곤충은 서로에게 많은 도움을 주는 존재입니다. 이들의 관계에 대해서 앞으로 또 어떤 연구가 이루어질지 궁금합니다.

8. 깃털을 먹었던 곤충

많은 분들이 공생共生이라는 단어를 들어본 적 있을 겁니다. 공생이란 다른 두 종류의 생물이 함께 사는 것을 뜻합니다. 공생에는 여러 종류가 있는데요. 진딧물과 개미 또는 꽃과 벌처럼 상호 도움이 되는 상리공생, 소라게와 이끼벌레처럼 한쪽만 이득을 보는 편리공생, 한쪽이 다른 쪽에 피해를 주되 이득을 얻지는 않는 편해공생과 피해를 주면서 이득을 얻는 기생이 있습니다.

몸집이 큰 동물에 기생해서 피를 빨아먹으며 사는 이[蝨]라고 하는 작은 곤충이 있습니다. 오늘날 이 중 털이목Mallophaga이라고 하는 분류군은 털이나 깃털에 기생하면서 털이나 깃털을 씹어 먹는 습성이 있습니다. 화석 기록을 보면 이들과 비슷하게 깃털에 기생하면서 새의 깃털을 먹었던 곤충도 있었던 것으로 보입니다.

8-1 털이목의 모습 © Svetoslav Radkov

케라틴을 먹는 식성

새의 고기가 아니라 깃털을 먹는 생물이 있다? 매우 특이하지만 사실입니다. 정확히는 깃털을 이루는 케라틴 성분을 주로 먹는 식성입니다. 케라틴은 단백질의 한 종류로 손톱, 모발, 그리고 새의 깃털을 이루는 주요 성분입니다. (여기서 좀 더 상세히 말하자면, 모발과 손톱을 이루는 케라틴은 알파케라틴, 파충류의 비늘이나 새의 깃털을 이루는 케라틴은 베타케라틴으로 나뉩니다.) 단백질로 이루어져 있다는 특징 때문인지 이 단백질을 주식으로 먹는 식성이 있습니다. 영어로 케라토파지keratophagy라고 하는데, 우리말로 정식 번역된 표현은 없는 듯해서 여기서는 각식성이라고 표현하겠습니다. 각식성은 파충류, 곤충 등 여러 동물에서 보이는 행태입니다. 이런 행태가 왜 있는가를 놓고 여러 연구가 진행되고 있습니다. 한 연구에서는 파충류가 케라틴을 먹는 이유는 ① 영양분을 얻기 위해 ② 피부 자극을 제거하기 위해 ③ 인공적인 이유—비늘을 먹은 것이 확인된 몇몇 뱀 중 야생에서 발견된 개체는 배 속에서 케라틴으로 이루어진 비늘이 발견되지 않았습니다—때문에 ④ 비늘을 벗다가 우연히 ⑤ 포식자로부터 몸을 피하기 위해서 ⑥ 신체의 외부에 붙는 기생충을 없애기 위해서 등등 여러 가설을 제기했습니다.

화석 기록을 보면 과거 공룡들은 오늘날의 새처럼 깃털을 가지고 있었습니다. 많은 종류의 육식공룡, 심지어 초식공룡에서도 깃털의 흔적이 발견된 것이죠. 그리고 깃털 흔적 덕분에 우리는 공룡의 몸 색깔까지 추적할 수 있게 되었습니다.

그런데 화석 기록을 보면 이 깃털에 기생했던 곤충들도 있었습니다. 앞서 이야기한 것처럼 깃털 역시 단백질로 만들어지기 때문에 그 단백질을 주식으로 먹는 곤충들이 있었던 것입니다. 이들 곤충은 나무진이 굳어져서 만들어진 호박 속에서 공룡의 깃털과 함께 발견되었습니다.

공룡의 깃털을 먹었던 곤충으로 여겨진 곤충의 화석

2019년 중국 수도사범대학교, 과학아카데미, 수도의과대학교와 미국 스미소니언박물관과 러시아 과학아카데미, 영국 자연사박물관의 공동 연구진이 미얀마에서 발견된 호박에서 공룡의 깃털을 먹었던 곤충의 화석을 처음 학계에 보고하였습니다. 메소프티루스 엔게리*Mesophthirus engeli*라고 명명된 이 곤충은 공룡의 깃털과 함께 발견되었습니다. 특이하게도 발견된 깃털은 손상된 흔적이 보였습니다. 연구진은 호박 속에 보존된 깃털이 화석화 과정에서 손상되기는 어려울 것으로 보고 이것이 곤충이 깃털을 먹었던 흔적인 것으로 결론 내렸습니다. 아쉽게도 정확한 분류는 알 수 없지만, 이 곤충은 기존에 발견되지 않은 새로운 분류군에 속한 것만은 분명해 보였기에 학자들은 메소프티루스과Mesophthiridae라는 새로운 분류군을 만들어냈습니다.

재미있는 점은 이 곤충이 살던 1억 년에서 9천 3백만 년 전 사이의 시기에는 여러 종류의 깃털 공룡이 대규모로 등장하고 초기 새도 본격적으로 진화한 시기였습니다. 즉, 공룡의 진화에 따라 곤충이 같이 진화한 사례인 것으로 보입니다.

하지만 이 곤충이 공룡의 깃털을 먹었다는 주장은 2021년에 반박되었습니다. 뉴욕 자연사박물관의 데이비스 그리말디David A. Grimaldi 박사와 시카고 일리노이대학교의 이사벨라 베아Isabelle Vea 교수의 연구에 따르면, 메소프티루스의 눈과 더듬이 구조의 형태는 노린재목 깍지벌레상과coccoidea의 한 종류인 도롱이깍지벌레과ortheziidae와 유사하다고 주장했습니다. 이들은 깃털을 먹지 않는 곤충입니다. 이들의 유충은 주로 식물에 붙어 식물 즙을 빨아먹습니다. 따라서 메소프티루스가 깃털과 함께 발견된 것은 깃털을 먹어서 그렇다기보다는 우연히 같이 매몰되어 화석이 된 것이라는 주장이었습니다.

2022년에는 또 다른 반박이 제기되었습니다. 러시아 보리시아크 고생물학재단의 드미트리 스케르바코브Dmitry Shcherbakov 박사는 메소프티루스의 분류군이 깍지벌레상과의 한 종류인 크쉴로콕쿨루스과Xylococcidae라는 분류군에 속한다고 주장하였습니다. 굉장히 생소한 이 곤충은 쉽게 이야기하면, 진딧물과 유사한 곤충입니다. (우리가 흔히 말하는 진딧물은 노린재목에 속하기는 하지만 깍지벌레와는 분류가 다릅니다.) 오늘날 진딧물이 여러 새나 파충류, 거미, 박쥐, 설치류 등의 먹이가 된다는 점을 생각해보면, 이 곤충 역시 공룡이 살던 시기에 많은 공룡들의 먹이가 되었던 것으로 보입니다. 스케르바코브 박사는 메소프티루스의 얼굴 형태, 길고 여러 번 감겨 있는 탐침(식물즙을 빨아먹기 위한 길고 뾰족한 관)과 발톱의 형태 등을 근거로 메소프티루스가 크쉴로콕쿨루스과에 속한다고 결론 내렸습니다. 후속 연구에 따르면 이들은 깃털을 먹으며 살았다기보다는 진딧물처럼 식물의 즙을 빨아먹고 살았으며 깃털에 붙은 채로 발견된 것은 우연히 같이 매몰된 것으로 보입니다.

공룡과 공생한 딱정벌레 유충

2023년 스페인의 산 저스트San Just라는 지역에서 발굴된 4개의 호박에서 공룡의 깃털을 먹었던 딱정벌레 유충의 허물 화석이 발견되었습니다. 1억 5백만 년 전에 살았던 곤충이 호박 속에서 깃털과 함께 보존된 채로 발견된 것이었습니다. 심지어 이 화석에는 곤충이 깃털을 먹고 배설한 흔적까지 보존되어 있었습니다. 비록 발견된 곤충은 허물뿐이기에 정확한 정체는 알 수 없지만, 연구 결과를 보고한 스페인과 영국, 미국, 아르헨티나, 독일 연구진은 이 곤충이 딱정벌레의 한 종류인 수시렁이과dermestidae의 유충일 것으로 추정하였습니다. 이들의 유충은 오늘날에도 다른 곤충이나 생물이 먹기 힘든 단단한 유기물(죽은 곤충의 사체, 질긴 식물의 썩은 조직 등)이나 배설물을 먹으며 살아갑니다.

이 연구에 참여했던 옥스퍼드 대학교의 리카르도 페레즈 데 라

8-2 오늘날의 수시렁이과 유충. hhelene 제공

푸엔테Ricardo Pérez-de la Fuente 박사는 이 곤충이 기생했던 깃털의 주인인 공룡에게 곤충과의 공생에서 어떤 이점이 있었는지는 불확실하지만, 최소한 이 곤충들이 깃털을 먹는 것이 딱히 큰 피해는 아닌 것 같다고 지적했습니다. 이를테면 공룡의 피부에 상처를 낸다든가 하는 식의 피해는 없었다는 것이죠. 다시 말해 곤충이 기생을 하면서 깃털을 먹는 것이 공룡에게 어떤 이득이 있었는지는 알 수 없지만, 최소한 곤충이 기생하면서 받았던 피해는 없었다는 이야기였습니다.

오늘날에도 그렇지만 화석 기록을 보면 곤충은 생태계에서 여러 가지 방식으로 적응했음을 알 수 있습니다. 앞으로 어떤 곤충의 적응 사례가 등장할지 매우 궁금합니다.

2장

뼈 있는 동물의 화석

1. 대변에서 발견한 과거

화석 하면 보통 어떤 화석을 떠올리시나요? 아마 많은 분들이 뼈 화석, 더 나가면 발자국 화석이나 알 화석을 떠올리실 겁니다. 맞습니다. 하지만 화석이 그것만 있는 것은 아닙니다. 음식을 먹고 나면 무엇을 하게 되죠? 화장실에 가게 됩니다. 음식물이 소화기관을 거치면서 소화되지 못한 찌꺼기를 밖으로 배출해야 하니까요. 우리는 이것을 대변이라고 부릅니다. 아마 대변을 좋아하는 사람은 거의 없겠지만, 사실 대변은 많은 것을 알 수 있는 근거가 됩니다. 과거 조선 시대에는 왕의 대변을 분석해서 왕이 어떤 병에 걸렸나를 알아내기도 했었던 것처럼 말이죠.

과거 고생물들도 대변을 쌌을까요? 당연히 그랬을 것입니다. 그들도 생물이었으니까요. 그렇다면 고생물들의 대변이 지금도

1-1 공룡의 분화석. 과학까페 QUA 제공

남아 있을까요? 네, 남아 있습니다! 이들 대변의 화석을 '분화석 coprolite'이라고 하는데, 다행히 지금은 단단하게 굳어지고 내부 성분도 광물로 치환되어서 냄새가 나지는 않습니다. 덕분에 연구하기에는 매우 좋지요! 그 더러운 것을 분석해서 뭘 알아낼까 싶겠지만, 학자들은 분화석을 분석하면서 과거 생물들의 생활사를 알아냅니다. 여기서는 현재까지 과거 생물의 분화석을 통해서 알아낸 것을 간략하게 살펴보겠습니다.

초식공룡이 게를 먹었다!

2017년 미국 유타주 남부에 있는 대략 7천 4백만 년 전 즈음에 만들어진 지층인 카이파로윗츠층Kaiparowits Formation에서 하드로사우루스류, 쉽게 이야기해서 백악기 후기에 살았던 초식공룡의 분화석이 보고되었는데요, 신기하게도 분화석 안에서 게의 화석이 발견되었습니다. 연구를 진행하던 콜로라도 볼더대학교의 카렌 친 교수와 켄트주립대학교의 로드니 펠드만 교수, 그리고 대학원생 제시카 타쉬만은 해당 지층에서 발견된 총 15개의 분화석과 함께, 기존에 몬태나주 북서쪽에 위치한 투 메디슨 지층Two medicine Formation에서 발견된 17개의 분화석을 분석했습니다.

연구진은 분화석에서 발견된 여러 나뭇조각들을 통해 초식공룡의 배설물이라고 결론을 내릴 수 있었습니다. 그런데, 그중에는 식물이 아니라 다른 수서생물의 신체가 같이 발견되었습니다. 복족류의 껍질, 그리고 대략 5센티미터 정도 되는 갑각류의 부속지 즉, 다리가 발견된 것입니다! 분화석에서 발견된 갑각류의 부속지의 단면을 정밀하게 살펴본 결과, 마숙층Masuk Formation이라고 하는 분화석이 발견된 지층보다 약간 더 오래된 지층에서 발견된 게의 부속지 화석, 그리고 오늘날 게의 부속지와 구조가 매우 흡사하다는 결과가 나왔습니다. 이런 이유로 연구진은 게의 부속지라고 결론을 내린 것입니다.

왜 초식공룡의 배설물에서 게가 발견된 것일까요? 초식공룡이면 식물을 먹었을 텐데 말이죠. 연구진은 세 가지 추론을 하였습니다. 첫째, 초식공룡이 게를 적극적으로 사냥해서 먹었다. 둘째, 무척추동물에 포함된 영양분을 섭취하기 위해서 먹었다. 셋째, 의도치 않게 어쩌다가 우연히 게를 먹게 되었다.

과연 어느 쪽이 맞는 걸까요? 연구진은 이 분화석을 분석하고는 첫 번째, 혹은 두 번째라고 결론내렸습니다. 우선 게의 크기가 5센티미터 정도 되었는데, 비슷한 시기 북미대륙에서 발견된 초식공룡의 부리(목이 긴 공룡을 제외한 대부분의 초식공룡들은 입 끝에 부리가 있습니다)의 길이가 8센티미터 정도 된다는 것을 미루어봤을 때 공룡이 게를 의도치 않게 먹었다고 하기에는 무리가 있다고 보았습니다. 만약 그랬다면 다시 뱉어냈을 테니까요. 따라서 연구진은 초식공룡이 게를 먹은 이유가 첫 번째, 혹은 두 번째일 가능성이 크다고 보았습니다.

흔히들 초식동물이라면 항상 식물만 먹는다고 생각하는데, 사실 오늘날에도 초식동물들은 간혹 육식을 하기도 합니다. 사슴이 작은 새를 잡아먹거나 아니면 곤충, 그 외의 작은 동물을 먹는 경우가 종종 있습니다. 그 이유는 바로 단백질과 같은 육류에서 주로 얻을 수 있는 영양분 때문인데, 초식만으로는 생존에 필요한 단백질을 충분히 얻기 어려울 때가 많기 때문입니다. 따라서 과거 초식공룡들도 이런 식으로 영양분을 얻었을 가능성을 배제하지 않는 것입니다.

먹이의 뼈까지 부숴 먹었던 포유류

살아있는 동물이야 먹이를 먹는 걸 직접 관찰할 수 있지만, 멸종한 고생물은 무엇을 먹는지 관찰할 수 없습니다. 따라서 분화석을 조사하면 무엇을, 그리고 잘하면 '어떤 식으로' 먹었는지를 알아낼 수 있습니다. 예를 들면, 2018년에 LA 자연사박물관과 뉴욕 자연사박물관, 캘리포니아대학교와 캘리포니아주립대학교, 버펄로대학교의 공동 연구진은 어느 개과 동물의 분화석을 통해 과거 북미

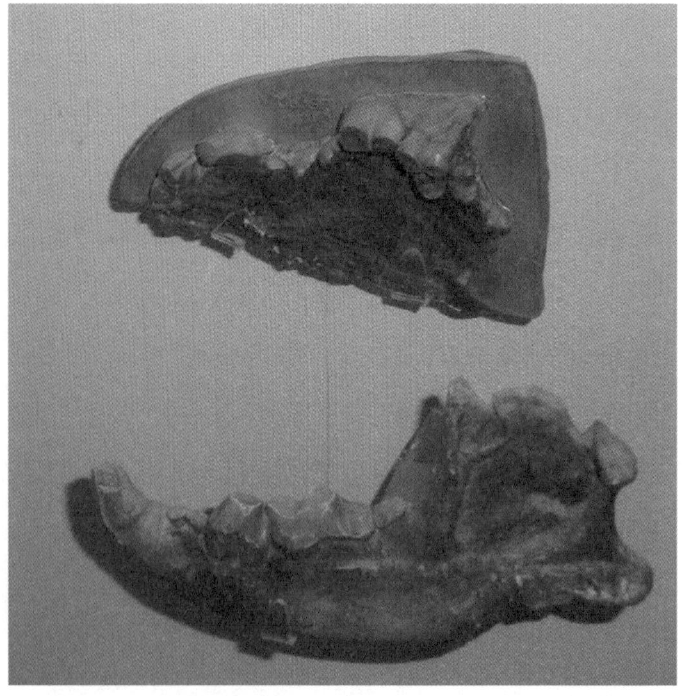

1-2 보로파구스 디베르시덴스의 턱. © Ghedoghedo

에 살았던 육식성 포유류 중에서 무리를 지어 사냥을 하던 포유류가 있었음을 밝혀냈습니다. 이 분화석은 개과의 한 종류인 보로파구스 디베르시덴스*Borophagus diversidens*라고 하는 동물의 분화석이었죠. 이 동물은 1천 2백만 년에서 2백만 년 전에 북미에서 넓게 분포하며 살았던 하이에나와 비슷한 동물이었습니다. 이들은 매우 강한 턱을 가지고 있었죠.

연구진은 보로파구스의 분화석 14개를 조사하였습니다. 그 결과 총 5개의 분화석에서 뼈가 발견되었습니다. 새의 다리 뼈, 비버의 턱뼈 일부, 작은 포유류의 머리뼈 일부, 큰 포유류의 늑골이 발견된 것입니다. 이로 볼 때 보르파구스는 오늘날의 하이에나처럼 먹이의 뼈까지 부숴 먹었다는 것을 알 수 있습니다.

이렇게 뼈를 부숴 먹었다는 것은 무엇을 시사할까요? 연구진은 보로파구스가 오늘날 하이에나나 늑대처럼 무리 사냥을 했을 것이란 결론을 내렸습니다.

보로파구스에 대한 기존 연구는 주로 하이에나를 참고하였습니다. 하이에나 하면 보통 사체를 먹는 스캐빈저를 생각하지만, 사실 하이에나는 생각보다 더 자주 사냥을 하는 포식자들입니다.

하이에나의 사냥 스타일은 종마다 약간의 차이점이 있습니다. 고양잇과 동물인 사자, 호랑이, 표범 등과 달리 개나 하이에나는 발에서 발톱을 감출 수 없습니다. 발톱을 감출 수 없으면 발톱이 항상 땅에 부딪히게 되고, 결국 마모됩니다. 육식동물의 발톱이 마모되면 사냥을 할 때 어려움을 겪습니다. 사냥할 때 사냥감을 잡기 위해서는 발톱으로 단단히 붙잡아야 하는데 발톱이 마모되면 제대로 붙잡기 어렵기 때문이죠.

이를 극복하기 위해서 개체가 많은 개과, 하이에나과 동물들은 주로 무리 사냥을 합니다. 많은 개체가 넓은 지역에서 서식하는 점박이하이에나는 무리를 지어서 거대한 동물, 예를 들면 들소나 얼룩말 같은 동물들을 사냥합니다. 반면에 개체가 훨씬 적고 분포 지역도 더 좁은 갈색, 그리고 줄무늬하이에나는 무리를 짓지 않으며, 먹이 또한 주로 작은 먹이를 사냥하지요. 이 차이점은 하이에나의 분포도 및 밀도와 관련이 있습니다. 점박이하이에나는 넓은 지역에서 많은 개체가 높은 밀도를 이루며 살고 있습니다. 반면 갈색, 줄무늬하이에나는 사는 지역도 더 적고 밀도 역시 더 낮지요. 즉, 점박이하이에나는 많은 수의 개체가 여러 지역에서 분포하기에 무리를 이루기 유리한 생태구조를 하고 있습니다. 반면에 갈색, 줄무늬하이에나는 작은 먹이를 먹는 데 더 유리합니다. 개체가 더 적기 때문이죠.

보로파구스의 화석 기록을 조사한 연구진은 이 고생물들이 넓은 지역에서 많은 개체가 화석으로 발견되었다는 점을 근거로 이들 역시 점박이하이에나와 비슷하였을 것으로 결론을 내렸습니다. 게다가 턱뼈와 이빨 또한 매우 튼튼해서 뼈를 씹어 먹기 딱 좋은 구조였다는 점에서 점박이하이에나와 비슷하지요. 여기에 분화석에서 나온 거대한 포유류의 늑골은 이들이 점박이 하이에나처럼 거대한 동물, 가령 사슴이나 과나코 등을 사냥하였다는 근거가 될 수 있다고 보았습니다.

혹시 '어쩌면 사냥이 아니라 사체를 먹었을 가능성도 있지 않을까?'라는 생각을 할지도 모르겠습니다. 저도 그런 의문이 들었습니다. 하지만 연구진은 보로파구스의 이빨과 턱이 매우 튼튼하며, 또한 서식지의 분포와 밀도가 점박이하이에나와 비슷하게 넓고 높다는 점을 들었습니다. 즉, '분화석 자체만으로 사냥인지 스캐빈저인지는 알 수 없지만, 다른 근거들과 종합해보면 이들이 무리 사냥을 하였을 가능성이 있을 것'으로 결론 내렸습니다. 오늘날 하이에나들도 넓게 분포하면서 무리를 지어서 사냥을 하는 것처럼 말입니다.

대변은 분명 더럽고 냄새나는 것, 정말 기피의 대상이라는 점은 누구나 동의할 겁니다. 하지만 대변의 화석인 분화석을 통해서 학자들은 고생물의 생태에 대해 많은 것을 밝혀왔습니다. 앞으로 분화석으로 어떤 연구 결과가 나올지 기대됩니다.

2. 물에서 살았던 육상동물의 공통 조상

2006년 4월, 세계 최고의 학술지 중 하나이자 권위 있는 학술지인 《네이처》에 한 가지 놀라운 화석이 실립니다. 캐나다에서 발견된 이 화석은 생물의 진화사에서 중요한 축을 담당하고 있지요. 이 화석에 학자들은 캐나다의 이누이트족 언어로 얕은 곳에서 사는 거대한 담수어류라는 뜻의 틱타알릭 로제*Tiktaalik roseae*라는 학명을 붙입니다.

틱타알릭은 매우 특이하게 생긴 초기 사지류였습니다. 비늘의 형태 그리고 육상 척추동물과 비슷한 구조의 지느러미가 있다는 점은 기존에 존재하던 육기어류(실러캔스, 페어가 속한 어류 분류군. 이들의 특징이라면 사지동물의 앞다리와 매우 유사한 구조의 지느러미가 있습니다)들과 크게 다르지 않았죠. 하지만 틱타알릭의 머리 구조와 목의

2-1 필드 자연사 박물관에 전시된 틱타알릭 로제 © 이수빈

존재, 어깨의 존재는 이들이 일반적인 육기어류와는 확연히 다른 존재였음을 보여줍니다. 단순히 다르게 생긴 것이 아니라 육지 위를 걸어 다니는 후대의 사지류들에게서 보이는 특징이 서서히 보이기 시작한다는 점에서 매우 특이했습니다.

어류와 사지류의 특징을 모두 가진 틱타알릭의 신체

머리

틱타알릭의 머리는 살짝 특이하게 생겼습니다. 평평한 머리는 뒤로 갈수록 넓어지는 삼각형 모양을 하고 있으며, 머리 위에 눈이 모여 있는 모습이지요. 마치 악어와 비슷합니다. 틱타알릭의 이런 특이한 얼굴은 틱타알릭 이후에 나타난 양서류에서 계속 보이는 특징입니다.

목

목은 머리를 움직일 때 사용하는 신체 부위입니다. 갑자기 뒤쪽에서 소리가 나거나 누군가가 불렀을 때 그쪽을 돌아보기 위해 고개를 돌릴 때 목이 움직입니다. 즉, 목이 있기에 우리는 주변을 좀 더 잘 살펴볼 수 있지요.

하지만 어류에게는 목이 없습니다. 어류는 머리가 바로 가슴에 붙어 있기 때문이죠. 따라서 어류는 방향을 바꿀 때 몸 전체를 움직여야 하는 불편함이 있습니다. 그런데 틱타알릭에겐 목이 존재합니다. 즉, 틱타알릭은 먹이를 잡을 때 먹이가 근처에 있으면 고개만 움직여서 빠르게 잡을 수 있었지요. 물론 방향을 바꿀 때도 마찬가지이고요.

틱타알릭의 움직임을 연구한 한 연구에서는 틱타알릭이 목을 움직일 때 나오는 탄성이 머리를 빠르게 움직이게 하는 데 도움이 되었다고 보고 있습니다. 유영할 때 먹이를 잡거나 혹은 방향을 빠르게 바꾸어야 할 때 유용했던 것입니다. 틱타알릭의 신체 무게중심은 목을 움직일 때 좌우로 이동하면서 근육을 당기거나 풀어주게 되는데, 이때 탄성이 생기는 것입니다. 즉, 목이 몸과 떨어져서 존재하는 덕분에 틱타알릭은 빠르게 머리를 움직일 수 있었습니다.

어깨

일반적으로 육지 위를 걸어 다니는 사지를 지닌 생물(양서류, 파

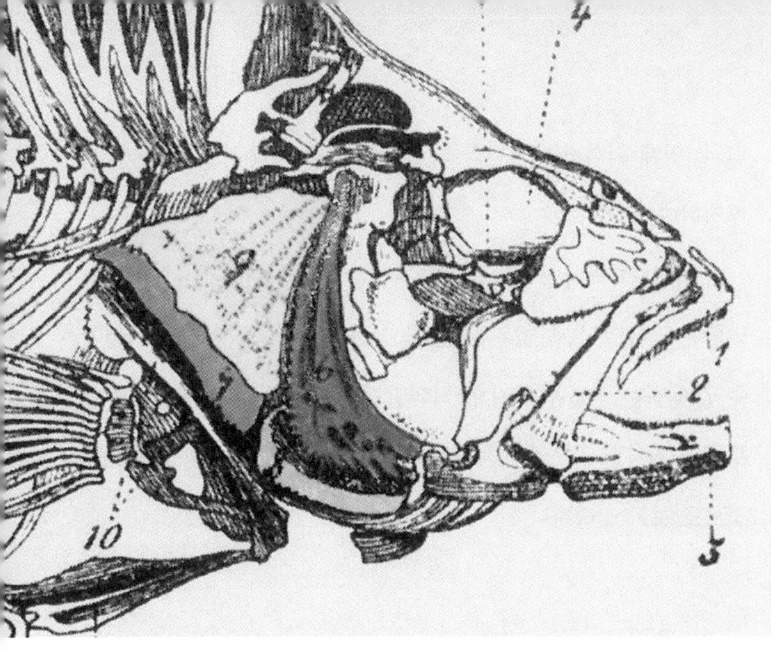

2-2 새개골이 위치한 곳. 노란색이 새개골, 빨간색은 전새개골(preoperculum), 초록색은 내새개골(interoperculum), 분홍색은 아새개골(suboperculum)로 새개골 근처에 위치한 뼈이다. © Hubert Ludwig

충류, 조류, 포유류 등 육지에서 네 발로 걸어 다니는 동물입니다)은 어류와 달리 어깨가 얼굴과 따로 떨어져서 발달해 있습니다. 어류의 경우에는 어깨라 할 수 있는 부분이 새개골operculum이라는 아가미를 보호하는 뼈에 융합되어 있어서 어깨를 자유롭게 사용하기 불편합니다. 방향을 바꿀 때 머리를 돌리는 방향으로 어깨, 그리고 몸이 같이 돌아가야 하는 것이죠.

반면에 틱타알릭은 이 새개골이 아주 작게 줄어들었습니다. 이에 따라 어깨와 머리가 분리되고 어깨를 움직이는 데 제약이 없어졌습니다. 이런 특징은 오늘날 육지에 사는 사지류에서 보이는 특징입니다. 이렇게 머리와 어깨가 분리되고 어깨를 자유롭게 움직일 수 있게 되면서 어류보다 더 자유롭게 많이 움직일 수 있게 된 것입니다.

그렇다면 틱타알릭의 어깨는 어떤 역할을 했을까요? 어깨의 역할은 앞다리(사람의 경우에는 팔)를 상하좌우로 움직이거나 회전할 수 있게 하는 역할을 하지요. 틱타알릭의 어깨 역시 비슷하게 가슴 부분에 위치한 지느러미인 가슴지느러미를 회전하는 역할을 했을 것으로 보고 있습니다.

지느러미

틱타알릭을 연구하였던 시카고 대학교의 닐 슈빈 교수는 자신의 저서 『내 안의 물고기』에서 틱타알릭의 지느러미를 다음과 같이 설명하였습니다.

> 오언이 창조주에게 공을 돌렸다는 뼈 한 개-뼈 두 개-작은 뼈 여러 개-손, 발가락 설계를 어떻게 이해해야 할까? 폐어 같은 물고기들은 기저부에 뼈가 한 개 있다. 유스테놉테론 같은 물고기들은 뼈 한 개-뼈 두 개 배열을 보인다. 뒤를 이어 뼈 한 개-뼈 두 개-작은 뼈 여러 개를 지닌 틱타알릭 같은 물고기가 등장했다. 사람의 팔다리 속에는 한 마리의 물고기만 들어 있는 게 아니라, 수족관 전체가 들어 있는 셈이다.

우리의 팔은 크게 뼈 하나-뼈 두 개-여러 작은 뼈-손가락뼈, 이런 구조로 이루어져 있습니다. 이 구조는 어류가 육지 위로 올라오는 진화 과정 중에 생긴 구조입니다. 틱타알릭은 그 중간에 위치하고 있습니다. 왜냐하면, 틱타알릭의 지느러미는 원시적이긴 하지만 오늘날 사지류의 앞다리팔에서 보이는 패턴(뼈 한 개-뼈 두 개-뼈 여러 개 구조입니다. 맨 처음 뼈 한 개는 사람으로 치면 위팔뼈, 그 다음 뼈 두 개는 아래팔 뼈, 그리고 다음 여러 뼈는 손목뼈입니다. 즉 사람의 이런 팔 구조는 꽤 오래전부터 있었던 것입니다)이 나타나기 시작했기 때문이죠. 틱타알릭의 상완골은 조상격에 속하는 어류가 볼록한 형태의 상완골을 가진 것과 달리 L자 형태로 변형되었습니다. 이렇게 변형된 상완골은 아래팔을 움직일 때 매우 유용한 역할을 합니다. 변형된 뼈를 따라 근육이 적합하게 붙기 때문이죠.

틱타알릭의 지느러미에서 보이는 또 다른 특징은 상완골의 위쪽 끝부분에 둥글게 튀어나와 있는 부분입니다. 이 부분은 어깨에 위치한 둥글게 파인 곳에 쏙 들어가지요. 이러한 구조는 어깨를 더 유연하고 강하게 사용할 수 있도록 도와줍니다. 덕분에 틱타알릭은 지느러미를 돌리거나, 팔굽혀펴기 자세로 설 수 있었습니다. 실제로 틱타알릭이 살았던 지형이 얕은 물가라는 것을 생각해보면 물에서 살면서 육지로 올라갈 때 매우 적합한 지느러미 연결 부위라고 할 수 있지요. 이 특징은 오늘날 사람의 팔과 어깨, 사지동물들의 앞다리와 어깨의 연결 부위에서 아직도 보이고 있습니다.

틱타알릭이 먹이를 먹는 방식

혹시 가아라는 물고기를 들어보신 적이 있으신가요? 가아는 원시적인 형태의 조기어류(지느러미가 여러 개의 가시뼈로 이루어진 어류. 고등어, 참치, 꽁치 등 흔히 우리가 아는 어류 대부분이 여기에 속합니다)로, 이들은 먹이를 먹을 때 특이하게 먹이가 떠다니는 곳에서 물을 빨아들여서 먹이를 당긴 뒤에 턱으로 먹이를 잡아채서 먹는 방식과 먹이를 턱으로 씹어서 먹는 방식을 모두 사용했습니다.

틱타알릭의 식성을 다룬 연구에 따르면, 틱타알릭도 가아와 비슷한 방식으로 먹이를 먹었을 것이라고 합니다. 2021년에 미국 시카고대학교 연구진과 드렉셀대학교의 연구진은 틱타알릭과 엘리게이터 가아의 두개골을 마이크로 CT로 스캔해서 비교하였습니다. 비교 결과 특이하게도 두 생물의 두개골 융합선의 위치가 비슷했고, 엘리게이터 가아의 뺨에 위치한 뼈가 움직이는 메커니즘과 유사한 메커니즘이 틱타알릭에서도 나타났습니다. 엘리게이터 가아의 주 서식지가 얕고 좁은 수로라는 점, 틱타알릭이 살았으리라 추정되는 지역도 얕은 물가였다는 점을 고려해보면, 이 두 생물은 먹이를 먹었던 방식이 유사했던 것으로 보입니다. 즉, 틱타알릭의 생태는 가아와 유사한 부분이 많았다는 이야기입니다.

2-3 가아의 한 종류인 엘리게이터 가아. © Greg Hume

사지동물의 골반을 가진 틱타알릭

2023년 1월에 펜실베니아 주립대학교와 시카고대학교, 드렉셀대학교의 공동 연구진은 틱타알릭의 신체에서 새로운 특징을 발견하여 학계에 보고하였습니다. 연구진은 틱타알릭의 화석을 CT로 스캔해서 척추뼈 및 골반과 늑골을 살펴보았습니다. 그 결과 몇 가지 특이한 점이 발견되었습니다. 우선 틱타알릭의 늑골은 신체의 뒤로, 그러니까 꼬리 쪽을 향하고 있습니다. 이는 다른 사지동물에서도 보이는 특징입니다.

게다가 틱타알릭의 골반 또한 특이하였습니다. CT 스캔으로 틱타알릭의 골반을 이루는 뼈의 하나인 장골(사람으로 치면 엉덩뼈 부분입니다)과 척추뼈의 늑골을 조사한 결과, 이 뼈들은 서로의 방향으로 돌출되어 있었습니다. 다시 말해 장골은 늑골 방향으로 돌출되어 있었고, 늑골은 장골이 있는 방향과 각도로 휘어져 있었지요. 이 뼈들은 마치 서로 연결되었던 것처럼 보였습니다. 이런 모습은 오늘날 사지동물의 골반에서 보입니다.

따라서 연구진은 이 뼈들이 부드러운 조직에 의해서 서로 연결되어 있었을 것으로 결론 내렸습니다. 즉, 틱타알릭의 골반은 오늘날 사지동물의 골반이 척추의 늑골과 연결되는 구조와 유사하게 골반과 늑골이 서로 연결되어 있었다는 이야기였습니다. 이 특징은 오늘날 사지동물이 뒷다리를 이용해서 걸어 다닐 때 중요합니다. 골반에 부착된 다리가 잘 움직이기 위해서 말이죠. 이런 구조는 어류에서는 보이지 않는 특징입니다.

틱타알릭의 의미

틱타알릭은 진화생물학 연구에서 매우 중요한 위치를 차지하고 있습니다. 틱타알릭은 아직 온전하게 땅 위를 걷지는 못하는 지느러미, 물을 흡입하면서 먹이를 물어서 먹는 방식 등 아직 어류의 특징이 보이던 생물이었지요. 하지만 동시에 틱타알릭은 오늘날 사지동물에서 보이는 특징을 가지고 있었습니다. 틱타알릭이 가진 특징들은 다음과 같습니다.

1. 나중에 후에 등장할 양서류처럼 눈이 머리의 위쪽에 위치
2. 목의 존재
3. 어깨의 존재
4. 가슴지느러미의 모습은 후에 등장하는 사지동물의 팔과 유사
5. 골반이 늑골과 연결

즉, 틱타알릭은 어류 및 사지동물에서 보이는 특징을 전부 가지고 있었던 것입니다.

『지울 수 없는 흔적』이라는 책에서 닐 슈빈 교수의 동료 제리 코인 교수는 이렇게 이야기했습니다.

> 3억 9천만 년 전에는 엽상 지느러미 어류는 있었지만, 육상 척추동물은 없었고 3억 6천만 년 전에는 분명한 육상 척추동물이 있었다. 그렇다면 전이 형태는 어느 시점에서 찾아봐야겠는가? 두 시기의 중간쯤이다. 이 논리에 따라 슈빈은 전이 형태 화석들이 약 3억 7천 5백만 년 전 지층에 묻혀 있을 것이라고 예측했다. 그리고 바다가 아니라 민물에서 형성된 암석이어야 했다. 엽상 지느러미 어류와 초기 양서류는 둘 다 민물에서 살았기 때문이다.

틱타알릭은 이 예측에 정확히 맞아 떨어진 지층이 분포한 지역인 캐나다의 앨즈미어 섬에서 발견되었습니다. 그렇기 때문에 틱

타알릭이란 생물은 생물의 진화 연구에서 매우 중요한 위치를 차지한다고 볼 수 있습니다. 앞으로 틱타알릭과 관련해서 어떤 새로운 연구가 나오고 또 사지동물의 진화사에서 어떤 비밀이 풀릴지 기대됩니다.

3. 익룡은 어떻게 하늘을 날았을까?

지구 역사를 보면 많은 생물이 하늘을 날아다녔고, 지금도 하늘을 날고 있습니다. 하늘을 비행한 최초의 생물은 곤충이었습니다. 곤충은 진화를 거쳐서 아가미, 또는 아가미와 등에 있는 돌기가 발달하여 날개가 만들어진 이래로 지금까지 하늘을 날아다녔습니다. 척추동물 중에서는 공룡이 등장하기 이전 몇몇 파충류가 비막을 발달시켜서 활강을 하는 식으로 하늘을 날았습니다. 본격적으로 척추동물이 하늘을 비행하게 된 건 익룡이 나타나고 난 후였습니다. 파충류의 한 종류이자 공룡과 가장 가까운 파충류인 익룡은 척추동물 중에선 최초로 날개를 펄럭여서 하늘을 날아다닌 생물이었습니다.

하늘을 날아다니게 된 이래로 몇몇 익룡은 몸집 또한 거대해지

3-1 필드 자연사박물관에 전시된 퀘찰코아틀루스의 실제 크기 모형과 필자. ⓒ 이수빈

는 방향으로 진화하였습니다. 그중에는 키가 기린과 비슷한 수준으로 거대하게 진화한 익룡도 있었지요. 이들은 몸이 큰 만큼 체중도 많이 나갔는데, 200킬로그램이 넘기도 하였다고 합니다.

그런데 이렇게 거대한 익룡을 보면 의문이 듭니다. 이토록 거대한 생물은 어떻게 하늘을 날았을까요? 아니, 하늘을 날 수는 있었을까요? 여기서는 익룡, 정확히는 거대한 크기의 익룡이 어떻게 하늘을 날았는가에 대해 이야기하고자 합니다.

익룡의 뼈는 어떻게 진화했나

날아다니는 동물 하면 아마 대부분은 새를 떠올리실 겁니다. 새는 하늘을 나는 대표적인 동물이지요. 그렇다면 새는 어떻게 하늘을 날 수 있을까요? 여러 이유가 있겠지만, 중요한 특징 중 하나는 새의 몸이 매우 가볍다는 것입니다. 사람 혹은 땅에 사는 다른 동물의 뼈와 새의 뼈는 내부 조직에서 큰 차이점이 있습니다. 대부분의 육상동물은 뼈 내부 골밀도가 매우 높습니다. 무슨 뜻이냐면 뼈가 매우 튼튼하게 이루어져 있어 지구의 중력을 버틸 수 있는 구조라는 것입니다. 뼈는 인산염으로 이루어진 유기물인 콜라겐과 무기물인 칼슘으로 이루어져 있습니다. 이 콜라겐과 칼슘이 세밀하게 조합되어 단단한 뼈를 이루고 있는 것입니다.

하지만 조직이 아무리 단단히 이루어져 있어도 빈 공간은 생기기 마련이죠. 새의 경우 뼈 내부에서 공기가 차 있는 공간이 사람이나 다른 동물보다 더 많은 비중을 차지합니다. 그렇기 때문에 새의 뼈는 다른 동물의 뼈보다 내구성이 매우 떨어집니다. 그 대신 새는 같은 크기의 동물과 비교를 했을 때 몸이 매우 가볍다는 장점이 있습니다. 이 가벼운 신체 덕분에 새는 하늘을 나는 데 훨씬 부담이 적은 것이죠.

이런 뼈 구조는 새뿐만 아니라 익룡에서도 보이는 특징이었습니다. 2003년에 발표된 쥐라기 시기의 익룡 람포린쿠스*Rhamphorhynchus*의 골격에 대한 연구에서 람포린쿠스의 두개골과 척추의 뼈 내부에 공기가 존재하는 공간이 크게 있다는 결과가 발표되었습니다. 즉, 비슷한 크기의 다른 파충류와 비교했을 때 몸이 매우 가벼웠다는 이야기였습니다. 재미있는 것은 이런 특징은 그보다 훨씬 더 이전에 살았던 익룡에게는 없었다는 점입니다. 말하자면 초창기 익룡보다 나중에 등장한 익룡의 뼈가 가벼웠던 것이죠. 익룡은 뼈가 가벼워지는 방향으로 진화했던 것입니다.

이런 특징은 후대로 갈수록 더욱 두드러집니다. 2009년에 미국 홀리크로스 칼리지와 오하이오대학교, 영국 레스터대학교의 공동연구진은 초기 익룡인 에우디모르포돈과 람포린쿠스, 그리고 후대에 나타난 익룡 프테라노돈과 안항구에라의 골격을 각각 CT 스캔 후 비교했습니다. 그 결과, 후대에 나타난 익룡에서 새와 비슷하게 신체 내부에서 공기주머니의 존재가 확인되었습니다. 또 뼈 내부가 초기 익룡보다 더 비어 있었다는 것이 밝혀졌습니다. 즉, 익룡은 진화를 거듭하면서 새와 비슷하게 진화했다고 볼 수 있습니다.

새와 다르지만 새처럼 날았던 익룡

하지만 뼈만으로 설명하기에는 뭔가 좀 부족한 느낌입니다. 아무리 뼈가 가볍다 한들 몸의 크기가 거대하면 그만큼 체중이 많이 나갈 테니까요. 이런 이유로 거대한 익룡은 날지 못했을 것이란 주장도 있었습니다. 하지만 익룡이 날아다닐 수 있었다고 보는 것이 현재 정설입니다. 그것도 새처럼 날개를 펄럭이면서 날 수 있었다고 보고 있습니다.

어떻게 그게 가능하였을까요? 답은 익룡의 날개에 있습니다. 익룡의 날개는 과연 어떤 특징이 있는 걸까요? 오랜 시간 연구자들은 거대한 익룡이 하늘을 '비행'하기보다는 활강을 했다고 생각했습니다. 무슨 뜻이냐면, 비행기와 행글라이더를 생각해보면 이해가 쉬울 겁니다. 크고 강한 힘을 내는 엔진이 달려 있고 연료와 기계 상태만 멀쩡하면 계속 비행이 가능한 무거운 비행기, 바람이 불 때 바람을 타고 활강하는 행글라이더. 작은 익룡과 거대한 익룡의 차이가 그와 비슷하다고 생각했던 것입니다. 작은 익룡은 비행기와 비슷하게 날개를 펄럭이면서 비행할 수 있었지만, 거대한 익룡은 행글라이더처럼 바람을 타고 활강했다고 생각한 것이죠.

하지만 이는 익룡의 날개를 분석한 연구 결과를 통해 반박되었습니다. 영국 포츠머스대학교의 익룡 전문가 마크 위튼 박사와 미국 펜실베니아주 채텀대학교의 마이클 하비브 박사는 거대한 익룡의 상완골을 조사하였습니다. 익룡의 상완골을 조사하니 가슴과 어깨근육이 붙는 삼각돌기Deltopectoral crest가 매우 크고 벌어져 있는 형태를 하고 있었습니다. 이는 익룡의 어깨와 가슴근육이 매우 컸다는 사실을 보여주는 것이죠. 다시 말하면 거대한 익룡이 강한 힘을 내는 날갯짓을 할 수 있었다는 것을 뜻합니다. 즉, 익룡은 행글라이더처럼 바람만 타고 비행한 것이 아니라 날갯짓으로 양력을 만들어 비행했다는 이야기였습니다. 마크 위튼 박사와 마이클 하비브 박사는 거대한 익룡이 날개를 펄럭여서 비행을 하는 데 충분한 힘을 날개에서 낼 수 있었다고 결론 내렸습니다. 익룡의 앞날개는 또한 익룡이 비행을 위해서 도약을 할 때도 큰 역할을 하였던 것으로 보입니다.

익룡과 새, 이 둘은 똑같이 하늘을 나는 척추동물이지만 차이점이 있었습니다. 새는 가슴근육뿐 아니라 발과 다리, 그리고 다리근육이 붙는 골반 또한 매우 발달하였습니다. 근육이 발달된 다리를 이용해서 비행을 시작할 때 점프를 한 후 날개를 펄럭여서 비행하는 것이죠.

익룡은 비행을 시작하는 방식에서 새와 좀 달랐습니다 익룡의 발은 새처럼 도약할 수 있도록 발달하지 않았습니다. 오히려 사람의 발과 더 비슷한 구조를 하고 있지요. 따라서 형태도 다르고 근육과 뼈대의 비율도 차이가 있었던 익룡은 새처럼 발로 도약을 하면서 비행을 하기는 어려웠을 겁니다.

그렇다고 해서 익룡이 도약하지 않았던 것은 아닙니다. 익룡은 새와는 달리 땅을 앞날개로 밀면서 비행을 시작했던 것으로 보입니다. 비행할 때 발달된 가슴근육으로 날개를 접으면서 땅을 밀어서 뛰어오르는 방식으로 도약을 했던 것입니다. 익룡의 신체구조를 통해서 알아낸 방식이지요.

3-2 익룡 상완골의 삼각돌기 모습. 매우 크게 발달되어 있으며 크고 강한 가슴근육이 부착된다. 한국공룡연구센터 제공

비행에 특화된 동물

최근 연구 결과에 따르면, 익룡은 어린 시절부터, 더 정확히 이야기하자면, 태어났을 때부터 비행에 특화된 신체구조를 가지고 있었다고 합니다. 영국 사우스햄튼 대학교의 대런 네이쉬 박사와 마크 위튼 박사, 그리고 영국 브리스틀 대학교의 엘리자베스 마틴 실버스톤 박사는 어린 익룡들의 골격을 조사하였습니다. 그 결과 익룡은 갓 태어났을 때부터 이미 활강에 필요한 조건—큰 삼각돌기를 통한 강한 가슴근육—을 지니고 있었다는 결과가 나왔습니다. 익룡은 우리가 생각했던 것보다 훨씬 비행에 특화된 동물이었던 것입니다. 신체의 크기 대비 가벼운 골격에다가 강인한 어깨와 가슴근육의 존재는 이들이 거대한 크기였음에도 비행이 가능한 신체구조를 가질 수 있게 했습니다.

오늘날 비행기를 제외하고 하늘을 날아다니는 생물 중 가장 큰 생물은 바닷가에서 서식하는 앨버트로스라는 새입니다. 이 새는 날개를 폈을 때 그 크기가 대략 4미터 정도 되는 새이지요. 하지만 이들조차도 과거 공룡이 살던 시절의 익룡에 비하면 매우 작은 존재들입니다. 이 거대한 생물들이 하늘을 날았던 풍경은 과연 어떤 모습이었을지 한번 보고 싶습니다.

4. 검치호의 이빨, 그 용도는?

검치를 지닌 동물

누구나 어릴 적 즐겨 보았던 애니메이션이 하나씩은 있을 겁니다. 저도 어린 시절 많은 애니메이션을 즐겨봤었는데, 그중에서 기억나는 애니메이션으로 〈아이스 에이지〉가 있습니다. 보통 고생물을 다루는 애니메이션에서 주로 나오는 소재는 공룡인데, 〈아이스 에이지〉는 공룡이 아닌 신생대 빙하기의 포유류가 주연으로 등장하였다는 점이 특이했습니다. 〈아이스 에이지〉 시리즈에서 나오는 주연 캐릭터 중에서 육식동물인 캐릭터가 있습니다. 디에고라는 이 캐릭터의 모델이 되는 동물은 대중에게도 매우 유명한 검치호랑이인 스밀로돈입니다. (다만 스밀로돈은 고양잇과에 속하기는 하나 분류학적으로 호랑이와는 큰 관련이 없습니다.)

스밀로돈은 입 밖으로 튀어나온 검치를 지닌 멸종한 고양잇과 동물입니다. 스밀로돈 외에도 검치는 여러 포유류에서도 보이는 특징입니다. 오늘날 살아있는 포유류 중에서 고라니도 검치를 지녔지요. 그 외에 코끼리나 바다코끼리의 상아도 송곳니가 발달해서 만들어졌습니다. 하지만 고라니나 코끼리 등은 초식동물이니 여기서는 제외하겠습니다.

검치를 가진 육식성 포유류 중에는 고양잇과 동물 말고도 유대류, 즉 캥거루나 코알라처럼 주머니에 새끼를 돌보는 동물도 있습니다. 앞으로 이야기할 틸라코스밀루스라고 하는 동물이 바로 그 예입니다. 그 외에도 포유류의 조상이라 할 수 있는 분류군인 단궁류에서도 이런 검치를 가진 분류군이 있습니다. 바로 고르고놉시드류입니다.

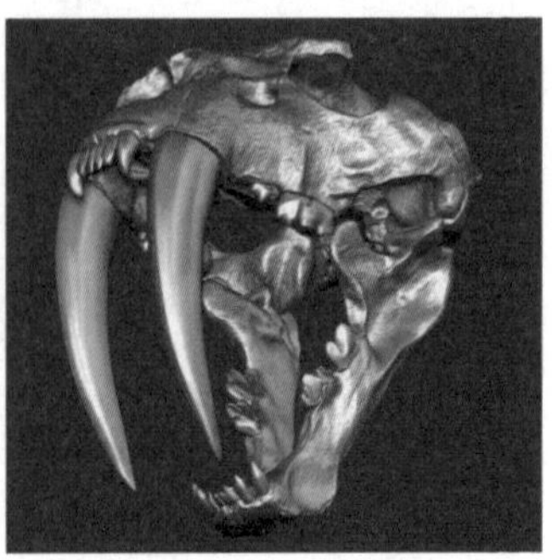

4-1 검치를 가진 단궁류 이노스트란케비아(좌), 긴 검치(송곳니)를 가진 스밀로돈의 두개골(우). 비타민상상력 제공

검치를 지닌 동물들은 매우 다양하였습니다. 그 종류는 다음과 같습니다.

1. 고르고놉시드류(단궁류-포유류의 조상)
2. 틸라코스밀루스
3. 바르보우로펠리스과Barbourofelidae
4. 님라부스과Nimravidae
5. 고양잇과의 메타이루루스아족Metailurini
   스밀로돈아족Smilodontini
   호모테리움아족Homoterini

검치의 종류 및 사용법

육식동물의 검치는 크게 두 형태로 나뉩니다. 언월도와 비슷한 검치, 그리고 칼과 비슷한 검치로 나누어지지요. 언월도와 비슷한 검치는 짧고 너비가 넓습니다. 복원도를 보면 '검치가 있나?' 하는 생각이 들 정도로 말이죠. 그에 비해서 칼과 비슷한 검치는 길고 너비가 덜 넓지요. 우리에게 매우 익숙한 검치호인 스밀로돈이 이 경우에 해당됩니다. 전자에 해당하는 동물들은 또 신체가 달리기에 매우 적합하도록 다리의 길이가 긴 형태를 하고 있습니다. 반대로 후자에 해당하는 동물들은 앞다리가 잘 발달한 대신 다리의 길이가 길지 않습니다. 이렇게 차이가 나는 다리의 길이는 검치를 가진 동물이라도 생태가 달랐다는 것을 암시합니다.

검치는 주로 어디에 쓰였을까요? 학자들은 검치의 형태에 따라 두 가지 방식으로 검치를 사용했다고 보고 있습니다. 짧은 검치의 경우에는 주로 먹이의 뼈를 뚫고 들어가 먹이가 도망치지 못하도록 붙잡는 역할을 했던 것으로 보고 있습니다. 이른바 '뚫고 붙잡는 방식'입니다.

그렇다면 긴 검치는 어땠을까요? 긴 검치를 가진 동물들은 목을 찌르는 방식으로 검치를 사용했던 것으로 보입니다. 1985년 LA 자연사박물관의 윌리엄 아케르스텐 박사는 스밀로돈이 검치를 먹이를 죽이는 데 사용하였으며, 2가지 방식으로 먹이를 죽였다고 발표하였습니다.

1. 앞발로 먹이의 목을 누르면서 아래턱에 난 이빨과 함께 목을 찌르는 방식(전단 교살)
2. 스밀로돈이 목을 아래쪽으로 휘면서 이빨을 꽂아 넣는 방식(경부 교살)

하지만 2014년 뉴욕의 과학자 제프리 브라운은 이와 관련하여 새로운 모델을 발표하였습니다. 스밀로돈의 두개골을 복제하여 실험을 한 제프리 브라운은 기존과는 다른 2가지 방식을 제안하였습니다. 이 2가지 방법을 통틀어서 클래스1 레버모델이라고 합니다.

1. 먹이의 목을 집게처럼 물면서 경동맥을 끊어내는 방식
2. 검치를 기도 인근에 꽂아 넣은 뒤에 꽉 물어서 먹이가 호흡하지 못해 질식해서 죽게 하는 방식

그러면 긴 검치를 지닌 포유류들의 사냥방식은 주로 질식사나 경동맥을 끊어내는 방식뿐이었을까요? 2020년 검치를 지닌 포유류와 고르고놉시드류를 분석한 연구가 발표되었습니다. 연구진은 검치를 지닌 동물들이 턱을 최대로 벌릴 수 있는 각도, 악력과 악력을 최대한 활용할 수 있는 턱의 각도, 턱을 휠 수 있는 힘 등을 분석하였지요.

연구 결과 고르고놉시드류는 검치를 지닌 후대의 포유류들과는 달리 턱을 벌리는 최대의 각도가 80도로 그리 크게 벌어지지는 않았으며, 악력을 효율적으로 활용하기 위해서는 60도 이하로 벌렸다고 합니다. (후대의 포유류들은 크게는 입을 120도까지 벌릴 수 있었습니다.) 대신 턱이 매우 운동성이 있어 빠르고 강한 힘을 낼 수 있었죠. 따라서 연구진은 이를 통해서 고르고놉시드류의 턱이 작은 먹이를 주로 사냥하기에 유용했을 것으로 결론 내렸습니다. 아마 빠르고, 힘을 쓸 수 있는 턱을 이용해 작은 생물을 잡아먹었을 것입니다.

검치를 지닌 포유류들의 경우 분류군에 따라 악력과 턱을 벌릴

수 있는 각도에서 차이점이 있어, 이들의 사냥 방식이 두 가지보다 훨씬 더 다양했을 것으로 결론을 내렸습니다.

검치가 있으나 검치호와는 다른 틸라코스밀루스

최근 연구 결과에 따르면, 유대류 중에서 검치를 지니고 있던 동물인 틸라코스밀루스의 경우에도 다른 검치를 지닌 포유류들과는 생활방식이 달랐다고 합니다. 틸라코스밀루스는 다른 검치호와 달리 턱 힘이 약하고, 어금니의 형태도 뾰족하기보다는 평평하며 육식동물들이 먹이를 자르는 데 사용하는 앞니가 적거나 없었습니다. 따라서 같은 긴 검치를 지녔어도 틸라코스밀루스는 다른 검치호들과 검치를 사용하는 방식이 완전히 달랐을 것으로 보고 있습니다. 연구진은 틸라코스밀루스의 이빨과 턱이 부드러운 고기를 먹기에 더 적합하다고 결론을 내렸지요.

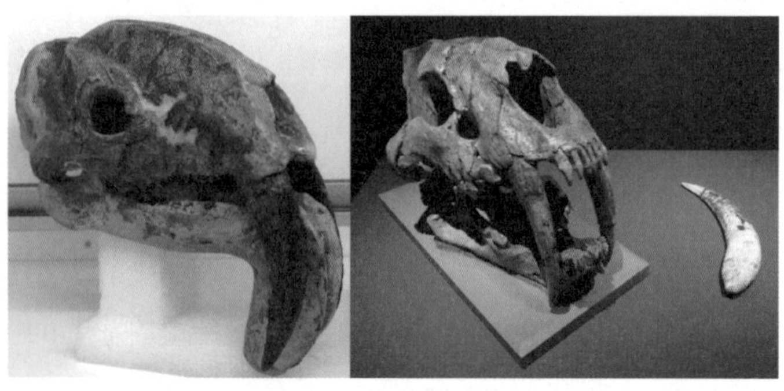

4-2 틸라코스밀루스(좌)와 스밀로돈(우). 이 둘은 비슷하게 검치를 지녔지만, 생태가 매우 달랐던 것으로 보인다. © Jonathan Chen(좌), FunkMonk(Michael B. H.) (우)

검치를 지녔던 동물에 대해서는 많은 연구가 필요합니다. 더군다나 오늘날 살아있는 포유류 중에서 육식성 포유류들에게는 과거의 친척들과 같은 긴 검치가 없기에 현생 동물과 비교 연구도 불가능해 더더욱 많은 연구가 필요하지요. 스밀로돈을 비롯한 검치를 지닌 동물들은 또 어떠한 비밀을 가지고 있을까요?

5. 치석으로 보는 과거 인류

여러분은 인생을 살면서 다시는 가고 싶지 않은 곳이 있으신가요? 많은 사람들이 공통으로 다시는 가기 싫은 곳이 있을 겁니다. 바로 치과죠. 치과는 모든 사람에게 매우 공포스러운 장소로, 치과 가는 걸 좋아하는 사람은 아무도 없을 겁니다. 어릴 때는 엄청난 통증에 대한 극심한 공포로, 성인들에게도 비싼 치료비 때문에 매우 꺼려지는 곳이 치과입니다. 심지어 성인이 되고나서도 치과 가는 걸 무서워하는 사람도 많지요.

우리는 왜 치과에 가는 걸까요? 치과에서는 이를 치료합니다. 충치를 치료하거나 이를 교정하거나 등등…. 그중에는 치석을 제거하는 작업, 즉 스케일링도 하지요. 이 치석은 대체 무엇이기에 우리를 그 공포스러운 장소로 가게 만드는 걸까요?

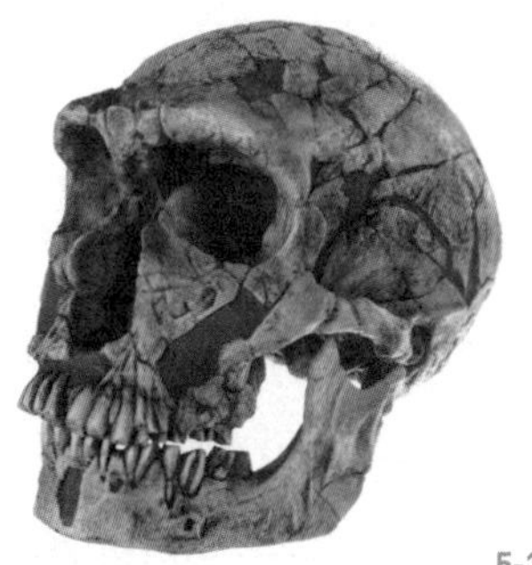

5-1 네안데르탈인의 두개골. stockdevil 제공

치석은 이빨에서 서식하는 미세한 세균 때문에 생깁니다. 우리가 식사를 하고 나면 입안에서 서식하는 미세한 세균들이 이에 묻은 음식물 찌꺼기에 '와 맛있는 음식이다!' 하며 달려듭니다. 이렇게 달려든 세균들은 음식물 찌꺼기를 분해하면서 영양분을 얻으며 증식하게 되고, 증식을 하는 세균은 막을 형성합니다. 이 막을 치태Plague라고 부릅니다. 이 치태가 단단하게 굳어지면서 치석이 됩니다.

이와 같은 치석은 매우 단단하게 굳었기에 화석 기록에서도 관측된 사례가 있습니다. 몇몇 고인류 화석, 그러니까 과거에 살았던 인류의 이빨 화석에서 치석의 흔적이 발견된 것입니다. 여기서는 고인류의 이빨 화석에서 발견된 치석에 대해서 살펴보겠습니다.

과거 인류의 식단

사람은 이빨을 이용해서 음식을 먹기 때문에 이에 붙은 치석을 조사하면 무엇을 먹었는지를 알아낼 수 있습니다. 2011년 미국 워싱턴에 있는 조지워싱턴 대학교와 스미스소니언 자연사박물관, 파나마의 스미스소니언 열대 연구재단의 연구진은 이라크 북서부의 샤니다르 동굴에서 발견된 고인류 네안데르탈인의 이빨을 조사했습니다. 총 7개의 네안데르탈인 이빨에 붙은 치석을 치과 도구로 분리해낸 뒤 현미경으로 관찰했는데, 이 고인류의 치석에서 식물석(식물의 조직을 이루는 규소 성분의 광물질 입자), 곡물알갱이 등이 나왔습니다. 연구진은 이를 바탕으로 네안데르탈인이 무엇을 먹었는지 알아냈습니다. 네안데르탈인들은 밀, 대추, 콩 등을 먹었는데, 날것 그대로 먹은 것이 아니라 조리해서 먹었던 것으로 보인다고 합니다.

육식을 했던 네안데르탈인,
채식을 했던 네안데르탈인, 몸이 아팠던 네안데르탈인

네안데르탈인의 식단에 대한 이야기를 한 가지 더 해보겠습니다. 2017년에는 호주와 캐나다를 비롯하여 남아공, 독일, 스위스, 스페인, 폴란드, 영국의 연구진이 공동으로 네안데르탈인의 치석을 분석했습니다. 연구 결과 네안데르탈인은 살던 지역에 따라서 식단의 차이를 보였습니다. 연구진은 벨기에의 스피 동굴Spy cave과 스페인의 엘시드론 동굴El Sidron cave에서 발견된 네안데르탈인의 이빨을 조사하였습니다. 그 결과 벨기에의 네안데르탈인은 코뿔소와 야생양의 한 종류인 무폴론의 고기를 먹었고, 스페인의 네안데르탈인은 버섯, 잣, 그 외의 숲에서 발견할 수 있는 식물을 주로 먹었다고 합니다.

이런 차이는 당시 고환경과 연관이 있는데, 스피 동굴이 있는 곳의 경우, 과거 고인류가 살았을 당시에 스텝, 즉 초원지대였습니다. 오늘날에도 초원에서 유목생활을 하는 문화권에서는 주로 목축업을 한다는 걸 생각해보면 이해하기 쉽지요. 반면 엘시드론 동굴에서 발견된 네안데르탈인의 치석에서는 주로 식물이나 버섯의 흔적이 발견되었는데, 이 역시 이들이 살던 과거 환경의 영향이라

5-2 사시나무 나뭇잎.
ⓒ Maksim

고 합니다. 이들이 살았던 당시 지역은 숲이 우거진 환경이었는데, 덕분에 숲에서 먹을 수 있는 식물을 쉽게 구할 수 있어 채식의 비중이 높았던 듯합니다.

여기에 더해서 엘시드론 동굴에서 발견된 네안데르탈인의 이빨에서는 충치가 오랫동안 지속되어 생기는 염증인 치성 농양dental abscess이라는 병의 흔적이 발견되기도 했습니다. 재밌는 점은 그중에는 사시나무의 나뭇잎 흔적이 같이 이와 같은 것이죠. 이 나뭇잎은 살리실 산salicylic acid이라는 산성 물질을 분비하는데, 이 물질은 고통을 줄여주는 역할을 합니다. 연구진은 네안데르탈인이 나뭇잎을 이용해서 충치의 고통을 줄였을 것으로 보고 있습니다. 또한 치석에서 발견된 병원균 중에서는 설사를 유발하는 병원균도 발견되었다고 합니다.

고인류의 이빨에서 보이는 치석은 과거 인류도 오늘날 우리들처럼 충치가 생기고 또 그로 인해 고통 받았음을 시사합니다. 우리가 고인류보다 더 나은 것이 있다면 훨씬 더 발달된 치약과 칫솔을 가지고 있다는 것이지요. 그러니 양치질은 귀찮아도 잊지 말고 꼼꼼히 해서 치석, 충치를 예방하는 것이 만인에게 공포의 장소인 치과를 최대한 피할 수 있는 가장 최선의 방법입니다.

6. 기괴함에서 망치로

예전에 제가 참여한 단체 채팅방에서 회원 한 분이 저에게 망치상어의 얼굴을 보여주면서 이렇게 질문했습니다.

"만약 이 동물이 화석으로 발견된다면 어떤 모습으로 복원이 될까요?" 질문에 저는 이렇게 답하였습니다.

"일단 상어는 전신이 연골로 이루어져 있어서 신체 전부가 보존되는 경우가 거의 없습니다. 게다가 상어는 이빨만 발견되는 경우가 대부분이기 때문에 이런 상태에서 전체 모습을 알기란 더욱 어렵습니다. 다만 간혹 전신이 발견되는 경우가 있는데, 이럴 때는 어느 정도 생김새를 알아낼 수 있습니다."

이 대화를 하고 나니 생각나는 이야기 주제가 있습니다. 고생물과 현생 생물의 가장 큰 차이점은 바로 '현재 살아 있는가 아니

6-1 망치상어. 채유민 제공

면 그렇지 않은가'입니다. 눈으로 살아있는 모습을 직접 관찰할 수 있는 현생 생물과는 달리 고생물은 화석으로 남겨진 것만을 가지고 살아있을 당시를 추론하는 것이 사실상 전부이죠. 그렇기 때문에 간혹 실제 모습과 현대에 복원한 모습에서 차이가 생기기도 합니다. 여기서는 과거 공룡이 살기 전에 살았던 해양 파충류 중에서 머리가 기괴하게 생겼던 생물과 복원사에 대해서 이야기해보겠습니다. 마침 이 동물의 머리는 망치상어와도 비슷하게 생겼습니다. 눈의 위치가 다르기 때문에 완전히 똑같지는 않지만요.

특이한 머리를 가진 파충류

2014년 새로운 해양 파충류가 학계에 보고되었습니다. 전신이 매우 잘 보존된 이 생물은 대략 2억 4천 7백만 년 전 즈음 오늘날의 중국 지역에서 서식했던 것으로 보입니다. 몸길이가 대략 3미터인 이 파충류를 연구한 중국 우한지질자원연구원과 중국과학아카데미, 캐나다 자연박물관의 공동 연구진은 이 동물에게 '이상한 치열'을 뜻하는 라틴어 아토포atopo와 '이빨'을 뜻하는 덴타투스dentatus를 합쳐 아토포덴타투스*Atopodentatus*라는 학명을 부여했습니다.

왜 이런 이름이 붙은 걸까요? 바로 이 동물의 두개골이 매우 특이한 형태를 하고 있었기 때문입니다. 특히 기존에 알려진 동물과 비교해 턱의 형태가 매우 다른 모습을 하고 있었습니다. 턱에는 350개(주둥이 앞쪽에 35개, 주둥이 안쪽에 140개, 턱 안쪽에 190개) 정도의 바늘과 같은 길고 끝이 뾰족한 형태의 이빨이 치열을 따라 나 있었습니다.

하지만 정말 눈여겨보아야 할 부분은 바로 이 동물의 턱입니다. 보통의 턱을 가진 동물은 상하로 벌어지는 턱 가지고 있습니다. 그런데 아토포덴타투스는 특이하게도 상하가 아닌 좌우로 벌어지는 형태의 턱을 가지고 있었습니다. 사각형에 가까운 얼굴에 좌우로 열리는 턱이라는 매우 독특한 생김새를 가지고 있었던 것이죠.

연구진은 이 특이하게 생긴 턱이 어떻게 움직이는지 알아보기 위해 찰흙을 이용해서 모형을 제작하기도 했습니다. 연구진이 내린 결론은 이 동물이 여과섭식, 그러니까 이빨을 이용해서 물을 빨아들이면서 떠다니는 플랑크톤 등의 먹이를 거르는 방식으로 먹이를 먹었다고 주장했습니다.

알고 보니 망치와 비슷한 머리

척추동물에서는 유래를 찾아볼 수 없는 매우 특이한 구조의 머리를 가진 파충류 아토포덴타투스. 그런데 이후 이 특이한 머리구조는 사실 원래 형태가 아니라 화석이 퇴적층에 짓눌리면서 변형된 머리구조였다는 것이 밝혀졌습니다. 즉, 턱이 좌우로 벌어졌다는 기존의 주장은 알고 보니 틀린 것이었죠.

2016년 우한 지질자원연구원과 중국과학아카데미의 연구진은 새로운 아토포덴타투스의 골격 표본 2개를 발견하여 연구한 결과를 발표하였습니다. 연구 결과는 아토포덴타투스의 머리 구조가 정확히 어떤 모습이었는가를 보여주었습니다. 연구진이 발표한 아토포덴타투스의 머리는 기존에 알려진 표본과는 전혀 달랐습니다. 마치 망치와 비슷한 모습의 머리를 하고 있었죠. 좀 더 정확히 이야기하자면, 주둥이 끝부분이 좌우로 길게 늘어난 형태를 하고 있었습니다. 바늘과 비슷한 모습의 이빨은 주둥이 끝에 가지런한 형태로 놓여 있었습니다. 기존에 알려진 것만큼 괴이하지는 않지만, 여전히 특이한 모습의 파충류이긴 합니다.

그렇다면 이 특이한 모습의 파충류는 먹이를 어떻게 먹었을까요? 연구진은 이 파충류가 해저 바닥에서 식물을 먹었을 것으로 추정했습니다. 바늘과 비슷한 이빨이 다닥다닥 있는 저 길쭉한 형태의 턱으로 해저 바닥을 긁어서 거기에 있는 식물, 그리고 미역과

6-2 아토포덴타투스의 최종 복원 모습 © Catmando

비슷한 조류algae를 먹었을 것으로 보았습니다. 아토포덴타투스는 현재까지 알려진 가장 오래된 초식성 해양 파충류입니다.

아토포덴타투스의 최종 복원도를 보면 매우 특이한 머리 형태, 즉 망치상어와 비슷한 망치구조의 턱을 가지고 있습니다. 처음 생각했던 모습과는 상당히 다른 형태입니다. 이는 과거에 살았던 생물 중에서 알고 보니 복원도의 형태가 잘못되었음이 밝혀진 사례 중 하나입니다. 아토포덴타투스의 사례는 과학이 어떻게 발전하는지를 잘 보여줍니다. 과학은 기존에 알려진 지식과는 다른 새로운 근거가 발견되면 기존 지식을 수정하고 보완하면서 발전하는 방식을 취합니다.

7. 포유류의 입천장 파충류의 입천장

오랜 세월 지구상에는 수많은 동물이 살아왔습니다. 그중에서 육지에 사는 척추동물들은 아주 크게 파충류, 조류, 양서류, 포유류가 있습니다. 이들이 어떻게 구분이 되는지에 대해서는 다들 아시리라 생각합니다. 이를테면 조류는 깃털, 양서류를 매끄러운 피부, 파충류는 비늘, 포유류는 털이 있다는 특징이 있습니다. 이 외에도 포유류의 경우에는 여러 형태의 이빨 구조에서 차이가 납니다. 즉, 어금니, 송곳니, 앞니로 구분되는 특징은 오직 포유류에서만 관측되는 것입니다.

파충류와 포유류의 입천장 차이

포유류에게는 눈으로 보이지 않는 또 다른 특징이 있습니다. 바로 입천장 구조입니다. 포유류의 입천장은 넓적하고 주름진 형태를 하고 있습니다. 하지만 파충류의 입천장은 조금 다른 형태를 취하고 있습니다. 파충류의 입안을 보면, 뼈 2개가 'ㅅ'자 형태와 비슷하게 양 갈래로 갈라진 형태입니다. 다시 말해 파충류의 입천장은 중심부가 안쪽으로 파여 들어가 있는 듯한 모양을 하고 있습니다.

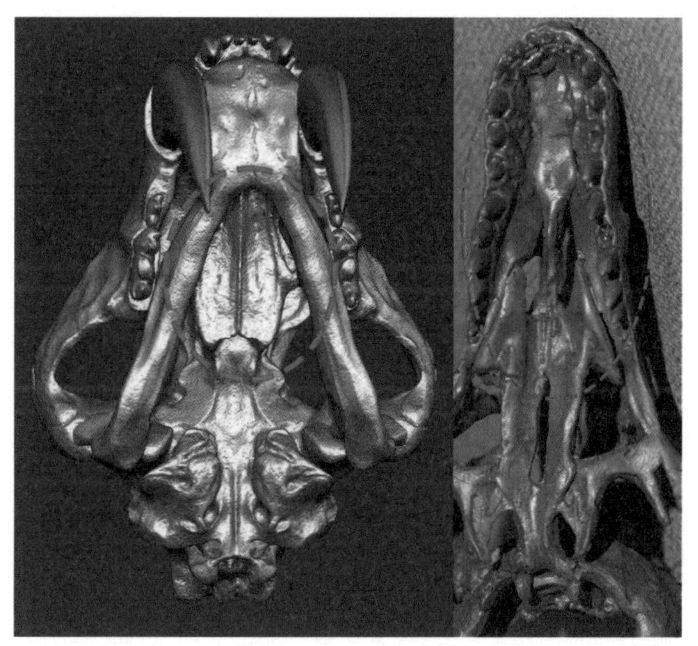

7-1 왼쪽은 스밀로돈의 입천장, 비타민상상력 제공. 오른쪽은 티라노사우루스의 입천장 ⓒ 이수빈

이런 특징은 파충류뿐 아니라 새, 그러니까 조류에서도 보이는 특징입니다.

이런 차이는 왜 생긴 걸까요? 파충류의 입천장에는 세로 형태의 뼈가 2개 존재합니다. 구개골palatine이라고 하는 이 뼈는 파충류의 입천장을 이루고 있습니다. 2개의 뼈는 입의 전방 끝부분에서 시작해 몸의 안쪽으로 들어오는 방향으로 갈라지는 형태입니다. 이 뼈를 따라서 연부조직이 형성되기에 입천장이 양 갈래로 갈라진 형태를 하는 것입니다. 파충류의 입천장이 갈라져 보이는 것은 이 때문입니다.

포유류는 여기에 추가로 다른 뼈가 하나 더 입천장을 덮고 있습니다. 구개골의 옆을 따라서 완전한 차단막과 비슷한 뼈가 발달한 것입니다. 이 뼈를 이차입천장secondary palate이라고 합니다. 이차입천장은 비강, 그러니까 호흡하는 기관과 입을 구분 짓는 역할을 합니다. 이와 같은 뼈 구조는 포유류, 그리고 파충류 중에서는 예외적으로 악어에서 보이는 특징입니다. 이차입천장은 배아가 대략 7주 정도 성장하였을 때 발달합니다. 위턱과 구개골 뼈가 늘어나면서 단단하게 융합되어 형성되는 뼈입니다.

포유류는 왜 이차입천장을 발달시킨 것일까요? 바로 먹이를 섭취하는 물질대사에 차이점이 있습니다. 포유류는 주변의 환경에 따라 체온이 변하지 않고 항상 체온을 유지해야 하는 정온동물endothermy입니다. 정온동물은 주변의 환경과 상관없이 신체의 활동을 통해서 체온을 유지합니다. 정온동물은 몸의 신진대사가 빠르기에 숨을 오래 참기 어렵다는 특징이 있습니다. 따라서 호흡을 위한 공기가 들어오는 비강과 먹이를 먹는 입이 구분될 필요가 있습니다.

파충류는 주변의 환경에 따라서 체온의 변화가 일어나는 변온동물ecothermy이기에 신진대사가 포유류만큼 빠르지 않습니다. 따라서 호흡을 좀 더 오래 참을 수 있지요. 산소가 여기에서 무슨 연관이 있는가 하면, 생물이 호흡하면서 받아들이는 산소는 생물이 활동할 때 에너지를 만드는 데 사용됩니다. 따라서 항상 체온이 일정한 정온동물은 일정한 속도의 신체 활동을 유지하기 위해서 산소를 항상 일정량 받아들여야 합니다. 변온동물은 신체의 활동 속도가 상황에 따라 차이가 나기에 산소를 받아들이는 양의 차이가 생기는 것입니다. (참고로 악어는 다른 파충류와는 달리 이차입천장을 별도로 발달시켰습니다. 즉, 악어는 포유류와 더 유사한 입천장을 가지고 있는 것이죠. 악어가 다른 파충류와 달리 이차입천장을 발달시킨 이유는 자신의 강력한 턱 힘을 버티기 위한 일종의 버팀목 역할을 하기 위해 독자적으로 발달시킨 것으로 보입니다.)

포유류의 입천장 진화

화석 기록을 보면 이차입천장의 발달은 포유류의 아주 먼 조상인 수궁류에서부터 발달한 듯합니다. 수궁류 중에서 육식성에 송곳니가 발달하고 털을 가진 테로케팔리아Therocephalia라는 분류군에 속하는 동물에서 불완전하게나마 이차입천장의 흔적이 발견되었습니다. 그중에는 부드러운 연부조직으로 이루어진 막을 지녔던 흔적이 보존된 경우도 있었습니다. 말하자면 이차입천장은 포유류의 먼 조상에서부터 서서히 발달해오다가 포유류에 이르게 되면서 완전한 형태를 하게 되었습니다.

대략 2억 5천만 년 전에 살았던 포유형류(수궁류 중에서 포유류 및 포유류로 진화해가는 과정에 있는 동물이 속하는 분류군)의 한 종류인 모르가누코돈Morganucodon의 두개골 화석에서는 매우 온전한 형태의 이차입천장을 볼 수 있습니다. 모르가누코돈은 후대의 포유류 후손들에게 있는 특징이 일찍부터 발달하였다는 것을 보여줍니다. 이차입천장의 존재는 포유류의 조상뻘에 속하는 동물이 온혈동물이었을 가능성을 시사합니다.

포유류는 여러 가지로 다른 척추동물과 다른 특징이 있습니다. 이들 특징은 모두 포유류와 그 조상의 생태를 알아내는 데 중요한 지표가 됩니다. 이차입천장처럼 동물의 신체는 부위를 막론하고 나름의 존재 이유가 있습니다. 우리는 이것을 통해서 고생물의 생태를 알아낼 수 있지요. 앞으로도 더 많은 종류의 화석이 발견되어서 고생물의 알려지지 않은 생태가 더 밝혀지기를 기대합니다.

3장

공룡과 화석

1. 공룡 시대의 알래스카

공룡 하면 어떤 생각이 떠오르나요? 거대하다, 멋지다, 무섭다, 신기하게 생겼다 등등… 여러 가지 생각이 떠오르실 겁니다. 그런데, 공룡이 '어디에서 살았을 것 같은가?'라고 물어보면 아마 대부분 열대 지방, 정글, 숲 같은 따뜻하고 습한 환경을 생각합니다. 공룡은 파충류이고, 파충류는 대부분 따뜻한 지역에서 살기 때문이죠. 하지만 이런 편견과 달리 공룡은 추운 지역에서도 살았던 것으로 밝혀졌습니다. 여기서는 공룡 시대 알래스카의 환경에 대해서 간략히 살펴보고, 알래스카가 추웠던 시절에도 그곳에서 둥지를 틀며 살았던 공룡에 대해서 살펴보겠습니다.

1-1 오늘날 알래스카의 모습. © Kurt Kaiser

알래스카에도 공룡이 살았다

알래스카는 오늘날 캐나다와 러시아 사이에 위치한 북미의 최북서 지역입니다. 알래스카에는 무려 50곳이 넘는 중생대 지층이 분포하고 있으며, 그 연대도 공룡 시대인 중생대 즉, 트라이아스기, 쥐라기, 백악기에 걸쳐서 다양하게 존재합니다. 지질학적으로 매우 다양한 시기의 중생대 지층이 분포해 있는 지역이 알래스카입니다.

공룡 시대 당시 알래스카의 환경은 어땠을까요? 공룡 시대 초창기였던 트라이아스기 시기 알래스카는 바다였습니다. 얕은 바다 속에서 다양한 어류와 이크티오사우루스류(돌고래와 비슷하게 생긴 중생대 해양 파충류)가 살았던 것으로 보입니다. 그래서인지 이곳에서는 여러 해양생물의 화석이 발견되었습니다. 1950년 지질학 조사에서 이크티오사우루스류의 화석이 처음 발견되었고, 2014년에는 알래스카에서 발굴된 이크티오사우루스류의 배 안에서 먹이로 먹었던 어류의 뼈와 비늘, 두족류의 껍질이 보존된 채 발견되어 학계에 보고되기도 했습니다.

2억 년 전에 트라이아스기를 지나 쥐라기로 접어들면서, 알래스카에는 화산활동이 강력하게 일어났던 것으로 보입니다. 쥐라기 시기 지층에서 화산활동의 흔적이 여럿 보이기 때문이죠. 예를 들면, 쥐라기 초기 지층이 있는 알래스카 남쪽 카트마이 지역에서는 화산질 암석이 나왔습니다. 알래스카에서 화산활동 흔적은 쥐라기 시기 지층 상당수에서 나오지요.

바다였다가 화산활동이 극심했던 알래스카. 그런데 공룡 시대 말기인 백악기의 알래스카는 한 가지 큰 변화를 겪게 됩니다. 그동안 바다 속에서 존재하던 알래스카가 드디어 육지로 올라오게 된 것이지요. 이는 백악기 후기 지층에서 공룡의 발자국이 발견된 덕에 알 수 있었습니다. 지층의 연대를 측정한 결과, 백악기 후기인 8000만 년에서 7000만 년 전부터 공룡의 발자국이 발견되었습니다.

공룡은 겨울을 어떻게 보냈을까?

알래스카에서 공룡의 화석이 가장 다양하게 발견된 지층은 백악기 지층인 프린스 크릭층Prince Creek Formation일 것입니다. 이 지층은 8000만 년 전 즈음부터 퇴적되어 공룡 시대 이후인 6170만 년 전 즈음까지 퇴적된 지층이죠. 공룡의 화석은 주로 7000만~6900만 년 전 즈음 만들어진 지층에서 발견되고 있습니다.

프린스 크릭층이 만들어질 시기의 알래스카는 오늘날보다는 덜 추웠지만, 그래도 상당히 춥고 기온이 낮은 지역이었습니다. 연평균 기온이 섭씨 6.3도 정도였는데, 겨울철에는 섭씨 영하 2도에 가까우며, 눈도 많이 왔을 것으로 예상합니다. 프린스 크릭층의 고환경에 대한 한 연구를 보면 3월 말에도 눈이 왔을 것으로 추정하고 있습니다. 심지어 겨울철에는 120일 정도 어두운 밤이 지속되었을 것이라고 합니다.

그런데 이렇게 추운 지역에서도 공룡들은 살고 있었습니다. 뿔이 달린 공룡 파키리노사우루스, 티라노사우루스의 친척 나누크사우루스, 초식공룡 에드몬토사우루스(한때 이 공룡에겐 우그루나알루크*Ugrunaaluk*라는 이름이 있기도 하였으나, 지금은 아닌 것으로 보고 있습니다) 등 여러 공룡이 살고 있었죠. 모두 화석 기록을 통해 알게 된 사실입니다. 알래스카에는 생각보다 다양하고 많은 숫자의 공룡이 살았던 것으로 보입니다.

1-2 알래스카의 파키리노사우루스와 사우로르니톨레스테스류. © Andrey Atuchin

그렇다면 공룡들은 이 추운 지역에서 계속 살았을까요? 아니면 따뜻할 때만 살고 추울 땐 이동을 했을까요? 이 지역에서 살았던 공룡의 생태에 대해서는 2가지 가설이 있습니다. 첫 번째 가설은 알래스카에서 1년 내내 살았다는 것입니다. 이 가설에 따르면 작은 공룡들은 겨울철에 굴을 파서 겨울잠을 잤으며, 큰 공룡들은 겨울철에도 약간의 먹이를 먹으며 겨울을 보냈을 것으로 추정합니다.

두 번째는 겨울철에는 다른 지역으로 이주했다는 가설입니다. 이 가설에 따르면 따뜻한 여름철에는 주로 거대한 초식공룡들이 알래스카로 와서 생활을 했고, 육식공룡들은 그 초식공룡들을 따라 이주했다고 합니다. 작은 초식공룡들의 경우엔 겨울 동안 굴을 파서 겨울잠을 잤을 것이라는 가설이지요.

최근 프린스 크릭층에서 어린 공룡들의 화석이 대규모로 보고되었습니다. 이빨과 척추, 다리뼈 등등 여러 부위의 화석들이 발견된 것입니다.

여기서 재밌는 사실은 프린스 크릭층은 북미대륙에 분포한 백악기 후기 지층 중에서 어린 공룡들, 특히 알에서 막 태어난 공룡의 화석이 가장 높은 비율로 발견된 곳이라는 점입니다.

알래스카에서 살았던 공룡은 언제 알을 낳았을까요? 프린스 크릭층은 계절에 따라 식물의 비율이 상당히 차이가 났습니다. 3월부터 9월까지 항상 낮이 지속되는 시기에는 많은 식물이 있었지만, 밤이 지속되는 시기가 시작되는 10월부터 2월까지는 식물이 거의 다 지는 시기였을 것으로 봅니다. 따라서 공룡은 식물이 새로 싹 트는 시기에 알을 낳아서 식물이 풍부하게 존재하는 시기에 성장하고, 밤이 지속되는 시기가 오기 전에 성장을 어느 정도 마쳤을 것으로 추정하고 있습니다.

마침 각룡류 중에서 프린스 크릭층에서 발견된 각룡은 알을 품는 시기가 알려진 몽골의 프로토케라톱스와 비슷한 크기였던 것으로 보아, 알을 품었던 시기 역시 비슷했을 것으로 보고 있습니다. 그 기간은 대략 83일 정도 됩니다. 아울러 거대한 초식공룡 중에서 히파크로사우루스라고 하는 공룡은 171일 동안 알을 품었는데, 프린스 크릭층의 초식공룡 역시 비슷한 기간 동안 알을 품었을 것으로 생각할 수 있습니다.

공룡은 추운 겨울을 어떻게 보냈을까요? 거대한 공룡은 춥지 않은 시기에 빠른 속도로 성장을 해서 체온을 최대한 잃지 않는 방식으로 겨울에 적응했던 것으로 보입니다. 거대한 크기일수록 열 손실률이 적어지기 때문이죠. 뜨거운 물을 컵과 주전자에 담았을 때 컵에 담은 물이 주전자에 담은 물보다 더 빨리 식는다는 걸 생각해보면 이해하기 쉬울 겁니다. 크기가 클수록 열이 더 적게 빠져나가죠. 작은 공룡들의 경우엔 겨울철에 땅에 굴을 파서 겨울잠을 잤을 가능성이 있습니다. 또한 깃털을 지닌 공룡의 경우엔 깃털이 체온 보존 역할을 하였을 가능성이 높습니다.

공룡이 살던 시기 알래스카는 오늘날만큼 춥지는 않지만, 그래도 상당히 추운 지역이었습니다. 이렇게 추운 지역에서도 공룡이 살았다는 것은 공룡이 매우 다양한 환경에서 살았다는 점을 시사합니다.

2. 질병에 걸리거나 부상당한 공룡들

우리는 살면서 몸이 아픈 순간을 자주 겪습니다. 그 원인이 바이러스일 수도 있고, 세균일 수도 있습니다. (참고로 이야기하자면 세균과 바이러스는 전혀 다릅니다. 세균은 스스로 증식할 수 있는 생물이지만, 바이러스는 다른 생물에 기생하지 않으면 번식을 할 수 없는 존재입니다.) 나이가 들면서 몸의 면역력이 지극히 약해진 것이 원인일 수도 있습니다. 설령 젊은 나이더라도 불의의 사고를 당하거나 몸을 너무 혹사해서 몸이 안 좋을 수도 있죠. 우리 몸이 좋지 않은 데는 여러 가지 원인이 있습니다.

공룡은 어떨까요? 학자들이 공룡의 여러 화석을 살펴본 결과 공룡 역시 다양한 질병에 걸리거나 부상을 입었던 것으로 보입니다. 그렇다면 공룡은 어떤 병을 앓고 또 어떤 부상을 입었던 걸까요?

랑게르한스 세포조직구증를 앓았던 하드로사우루스

질병에 걸린 공룡 중에는 랑게르한스 세포조직구증이라는 병을 앓았던 공룡이 있었습니다. 이름이 복잡한 이 병은 덜 성숙한 백혈구의 랑게르한스 세포라는 골수세포가 뼈나 장기에서 종양처럼 증식할 때 생기는 병입니다. 현재 국제적으로 경계성 암으로 진단되고 있지요. 이 병은 20만 명에 1명꼴로 발생하는 매우 희귀한 병입니다. 아직 이 병이 발생하는 정확한 원인은 알 수 없다고 합니다. 2020년 발표된 미국과 스위스, 이스라엘 연구진의 공동 연구에 따르면 초식공룡 하드로사우루스도 이 병을 앓았다고 합니다. 현재 캐나다 앨버타에서 19세기에 발굴되어 스미소니언박물관과 취리히 대학교에 보관된 두 하드로사우루스 개체의 꼬리뼈에서 병의 흔적이 발견된 것이죠. 이 질병이 사람 외에 살아있는 동물에게서 보고된 사례는 몇 차례 있었으나, 화석에서 발견된 사례는 처음이라고 합니다.

이스라엘 텔아비브 대학교의 고생물학자 허쉬코비츠Hershkovitz 박사는 하드로사우루스의 화석에서 보이는 질병을 연구함으로써 이 보기 드문 질병이 생기는 진화적 요인을 이해할 수 있을 것이라고 지적했습니다.

통풍과 궤양에 걸렸던 티라노사우루스

티라노사우루스는 여러 대중매체에서 공룡의 왕으로 묘사되곤 합니다. 하지만 공룡의 왕도 질병에서 자유롭지는 못했습니다. 1997년 티라노사우루스의 뼈에서 통풍의 흔적이 발견되었다는 연구가 나온 것입니다. 통풍은 본래 파충류와 조류에서도 발견되는 질병입니다. 이들은 요산을 직접 배설하는데, 요산을 배설하지 못하고 축적하면 통풍이 생길 수 있습니다. 오늘날 생물 중에서는 악어와 도마뱀 등에서 통풍의 사례가 보고된 바 있습니다.

사우스다코타에서 발견된 티라노사우루스의 앞발가락뼈에서도 통풍의 흔적이 발견되었습니다. 티라노사우루스 외에도 캐나다에서 발견된 티라노사우루스상과에 속하는 어느 공룡의 앞발에서도 통풍의 흔적이 발견됐다고 합니다.

통풍 외에도 티라노사우루스는 궤양에 걸린 흔적이 있었습니다. 이 궤양은 트리코모노시스라고 하는 구강궤양으로, 트리코모나스라는 기생충에게 감염되는 질병입니다. 이 병은 오늘날 새에게서 자주 발견되는데, 구강과 눈가, 심지어 간과 두뇌에서 발생할 수 있는 질병이라고 합니다. 2009년 미국과 호주의 공동 연구진이 발표한 결과에 따르면, 티라노사우루스도 이 질병에 걸린 흔적이 있다고 합니다. 연구진은 총 61개체의 티라노사우루스 표본을 조사하였습니다. 그중에서 15퍼센트 정도의 티라노사우루스 표본에서 궤양의 흔적이 발견되었죠. 궤양의 흔적을 비교해보니 오늘날 맹금류에서 발견되는 트리코모노시스와 유사한 형태의 궤양이라는 결론이 나왔습니다. 오늘날 맹금류들에게서 발견되는 병을 티라노사우루스도 앓았던 것입니다.

티라노사우루스는 왜 이 질병에 걸렸던 걸까요? 연구진은 이 질병이 동족끼리 싸우는 과정에서 옮겼던 것으로 보고 있습니다. 이 질병에 걸린 티라노사우루스가 다른 티라노사우루스와 싸우다가 얼굴을 물면, 물린 티라노사우루스에게 이 질병이 옮게 되는 것이죠.

호흡기 질환을 앓았던 공룡

2020년 초 전 세계를 강타한 질병이 있습니다. 코로나바이러스감염증-19라는 호흡기 질환으로, 코로나 바이러스에 의해서 감염되어 걸리는 질환이지요. 이 병은 심각할 경우 목숨을 잃을 수도 있으며, 전염력도 매우 빠릅니다. 심지어 변이까지 여러 번 일어나서 오랜 시간 인류를 괴롭혔지요.

2022년에 발표된 연구에 따르면, 공룡도 호흡기 질환을 앓았던 것으로 보입니다. 1990년 미국 몬태나주의 남서부에서 목 긴 공룡의 화석이 발견되었습니다. 후에 이 공룡을 연구한 미국 몬태나의 대평원공룡박물관과 캐나다 토론토 대학교 소속인 캐리 우드루프 연구원 그리고 미국의 연구진은 이 공룡에게 돌리Dolly라는 애칭을 붙여주었습니다.

돌리를 연구한 우드루프와 연구진은 돌리의 5~7번째 목뼈에서 특이한 흔적을 확인하였습니다. 마치 맞아서 생긴 혹처럼 둥근 형태로 튀어나온 결절이 있었던 것입니다. 높이 0.5~1센티미터 정도로 부풀어 나온 특이한 흔적이었죠. 이렇게 혹처럼 튀어나온 것은 무슨 흔적일까요? 이는 주로 뼈에 질병의 흔적이 있을 때 나타나는 구조이기에 학자들은 이 공룡이 질병을 앓았을 것으로 생각했습니다. 돌리의 목뼈에 난 결절은 공룡이 호흡을 한 공기가 들어가는 경로에 있었습니다. 이 경로를 이루는 구멍을 함기성 구멍pneumatic fossa이라고 하는데, 공룡의 목 무게를 줄여주는 역할을 합니다.

오늘날 새들은 기낭염이라는 호흡기질환을 앓기도 합니다. 이 질병은 기낭이라는 기관에서 생깁니다. 기낭은 새들의 몸무게를 줄여주고, 산소가 희박한 아주 높은 고도에서도 호흡을 할 수 있도록 공기를 저장하는 주머니로, 새가 호흡할 때 기낭염을 유발하는 병균이나 바이러스를 같이 마시게 되면 기낭염에 걸리게 됩니다. 따라서 돌리를 연구한 연구진은 돌리가 비슷한 이유로 호흡기질환을 앓았고, 그 흔적이 화석에도 남아 있는 것으로 결론 내렸습니다.

부상을 당한 공룡

이렇게 질병에 걸린 사례 외에도 간혹 외부의 공격이나 충격을 받아서 신체에 부상을 당하는 경우가 있습니다. 사람도 몸을 크게 다치면 부상을 입고, 심지어 불구가 되기도 하지요. 화석 기록을 보면 공룡도 이렇게 부상을 당한 사례가 있었음을 알 수 있습니다.

관절염에 걸렸던 공룡

관절염은 뼈의 관절과 관절 사이에 있는 연골이 손상되었을 때 생기는 병입니다. 연골은 관절을 움직일 때 생기는 충격을 흡수하는 역할을 하는데, 이 연골이 손상되면 움직일 때마다 통증이 생깁니다. 그런데 1990년 11월에 보고된 연구를 보면, 공룡에게서 골관절염이 있었다고 합니다. 사람만이 아니라 공룡에게도 관절염이 있었다니 놀라운 이야기네요. 카네기 박물관의 척추고생물학

2-1 이구아노돈. © Nobu Tamura

연구원이었던 브루스 M. 로스차일드Bruce M. Rothschild 박사는 카네기 자연사박물관과 뉴욕 자연사박물관, 중국의 척추 고생물·고인류연구재단이 소장하고 있는 13개 속에 속하는 공룡 10,000개체를 조사했습니다. 그 결과 벨기에에서 발견된 이구아노돈이라는 공룡 2개체에서 관절염이 있었음을 발견했습니다.

발가락을 다친 알로사우루스

다리를 다친다는 것은 동물에게 매우 심각한 문제입니다. 사람은 다리를 다치면 일을 쉬고 병원에서 치료를 받으면 되지만, 동물은 다리를 다쳐도 치료해주는 병원이 없죠. 따라서 다리를 다치면 자연적으로 치유되기를 기다리는 수밖에 없는데, 그동안 동료가 먹이를 가져다주거나 천적으로부터 보호해주지 않는 이상 굶어죽거나 다른 동물의 먹이가 되는 운명을 맞이하게 됩니다. 1991년 미국 와이오밍 주에 있는 모리슨층에서 무려 95퍼센트라는 어마어마한 보존율을 보인 공룡의 화석이 발견되었습니다. 이 공룡은 대략 8미터 정도의 아직 성체가 되지는 않은 알로사우루스로 빅 앨Big Al이라는 애칭이 붙었습니다.

빅 앨을 연구한 몬태나 주립대학교의 대학원생 레베카 로첼 로스Rebecca Rochelle Laws는 빅 앨의 신체에서 여러 부상의 흔적을 발견하였습니다. 이 공룡은 목뼈, 등뼈, 갈비뼈, 앞다리뼈, 다리뼈 등등 19개의 뼈에서 부상의 흔적이 있었습니다. 그중에서 오른쪽 세 번

2-2 몬태나 로키 자연사박물관에서 전시 중인 알로사우루스 빅 앨. © Tim Evanson

째 발가락뼈와 오른쪽 앞다리의 첫 번째 뼈에서 골수염의 흔적이 보였습니다. 골수염은 골수에 세균이 침투해서 염증을 일으키는 병입니다. 이 병에 걸리면 뼈에 염증이 생겨서 크게 부풀어 오릅니다. 다리를 다친 것이니 이 부상은 빅 앨에게 매우 치명적이었을 겁니다. 뛰는 것, 심지어 걷는 것에 매우 큰 지장을 주었을 가능성이 높으니까요.

다리를 다친 공룡

2022년 2월 벨기에 왕립자연과학원의 필리포 베르토조 연구원 및 러시아 과학아카데미와 아무르 종양진료소, 영국의 벨파스트 퀸스 대학교의 공동 연구진은 초식공룡의 앞다리뼈를 연구한 결과를 발표했습니다. 이 화석의 주인은 아무로사우루스 리아비니니*Amurosaurus riabinini*로, 공룡 시대 말기인 백악기 후기에 러시아에서 살았던 초식공룡입니다. 그런데 이 공룡의 앞다리뼈에 부상의 흔적이 있었습니다.

연구진은 아무로사우루스의 앞다리, 정확히 말하자면 오른쪽 위 앞다리뼈 중 하나인 요골(요골이 위치한 곳은 사람의 팔뚝 부분에 해당하는 부위로, 이 부분은 요골, 척골이라는 2개의 뼈가 서로 교차한 모습입니다. 덕분에 팔을 좌우로 회전할 수 있습니다)을 사진 촬영하고, CT 스캔으로 살펴보았습니다. 요골뼈를 보니 공룡의 손목과 연결되는 부분이 몽둥이와 비슷하게 부어올랐고, 그 표면이 울퉁불퉁했습니다. 이런 흔적은 뼈까지 크게 다쳤다가 다시 회복된 뼈에서 자주 보입니다.

거기에 더해서 CT 스캔으로 내부를 살펴본 결과, 이 공룡의 골막(뼈의 표면을 감싸는 조직) 부분에서도 부상의 흔적이 관찰되었습니다. 골막 부분의 두께가 14.5밀리미터 정도로 매우 두꺼웠는데, 골막이 이렇게 두꺼워지는 경우는 부상으로 뼈까지 다칠 때입니다. 골막이 두꺼워지면서 부상당한 부분을 감싸 다친 뼈를 보호하

2-3 아무로사우루스 리아비니니. © Debivort

는 것이지요. 일종의 깁스와 비슷한 역할을 하는 것입니다. 이렇게 두꺼워진 뼈와 골막은 뼈가 다 회복되면 다시 뼈 안으로 흡수되어 사라집니다. 즉, 이 공룡은 앞다리를 크게 다쳐서 뼈까지 부상을 입었으나 다시 회복하는 과정에 있었던 것입니다.

연구진은 이 공룡의 손목뼈가 변형 치유 즉, 형태가 변형된 채로 치유되는 과정이라고 결론 내렸습니다. 만일 오래 살았다면 형태가 변형된 손목을 가졌을 것으로 추정된다고 합니다.

동물에게 부상, 그중에서 다리 부상은 매우 치명적입니다. 걷거나 뛰는 데 쓰는 다리에 부상을 입으면 움직임에 제약이 많이 생기기 때문입니다. 이런 이유로 육식동물들이 가장 노리는 대상 중 하나가 부상을 당한 동물이지요. 그런데 이 연구에서 나온 공룡의 경우에는 부상이 치유된 흔적이 있는 것으로 보아 무리생활을 하였을 가능성이 있음을 시사합니다. 움직이기 불편하더라도 무리생활을 하면 동료들이 도와주거나 지켜줄 수 있기 때문이죠. 백 퍼센트 장담할 수는 없지만, 연구진은 이 공룡이 무리생활을 했을 것이라고 결론 내렸습니다.

꼬리를 다친 공룡

2020년 미국 노스다코타 지질학조사기구에서 소장하고 있는 뿔공룡 트리케라톱스의 화석이 학계에 보고되었습니다. 이 연구진은 공룡의 화석은 두개골과 전신의 상당수가 발견되었지만, 아쉽게도 두개골의 상태가 좋지 않아 정확한 종은 알기 어려웠습니다. 하지만 연구진은 공룡의 화석이 헬크릭층이라고 하는 공룡 시대 말기에 만들어진 지층에서 발견된 것을 토대로 트리케라톱스일 것이라고 결론 내렸습니다. 트리케라톱스가 헬크릭층에서 제일 흔하게 발견되는 뿔공룡이기 때문이죠.

정확한 종은 알기 어려웠지만, 대신 연구진은 특이한 것을 하나 발견하였습니다. 26번째에서 30번째 꼬리뼈가 매우 단단하게 융합되어 있었습니다. 이런 특징은 주로 뼈에 부상을 당해서 뼈끼리 짓눌렸을 때 일어나는 현상입니다. 따라서 이 트리케라톱스는 꼬리에 부상을 당했음이 분명했습니다. 거기에 더해서 26번 꼬리뼈부터는 다른 꼬리뼈와는 다르게 오른쪽으로 휘어 있었습니다. 특히 30번째 꼬리뼈는 거의 80도 각도로 휘어 있었습니다. 그 이후의 꼬리뼈는 남아있지 않아 확실하지는 않지만, 만약 남아있었다면 100도 넘게 휘어 있었을 것이라 추정했습니다. 물론 이 공룡이 살아있을 때 꼬리가 잘린 것일수도 있지만요.

이 공룡은 어쩌다가 부상을 당한 걸까요? 아쉽게도 정확한 원인은 알 수 없습니다. 어쩌면 티라노사우루스와 싸우다가 당한 부상일 수도 있고, 다른 트리케라톱스와 싸우다 실수로 밟힌 것일 수도 있겠지요. 아니면 자연재해를 당했을 가능성도 있습니다.

여기에서 다룬 사례 외에도 골격 과골증에 걸린 아파토사우루스 등 여러 공룡에게서 질병의 흔적이 보고되고 있습니다. 즉, 공룡 역시 여러 이유로 오늘날 사람처럼 아프고 병든 일이 많았던 것입니다.

야생 동물들은 사람과 달리 병원이 없습니다. 따라서 사람에겐 가벼운 병이 동물에겐 더 심각한 문제를 일으킬 수 있습니다. 긁히거나 가볍게 다쳤는데 심각한 병에 감염될 수도 있고, 다리를 다치면 움직이는 데 지장이 생겨 먹이를 찾거나 포식자에게서 도망치기 어려울 수도 있죠. 그만큼 질병과 부상은 동물에게 치명적입니다. 과거에 살았던 공룡들에게도 질병과 부상은 삶에 매우 치명적이었을 것입니다.

3. 부모와 붕어빵? 어림없는 소리!

부모와 얼굴이 정말 비슷하게 생긴 아이들에게 붕어빵이라는 말을 합니다. 부모의 얼굴을 그대로 빼닮은 모습이 마치 붕어빵 기계로 찍어낸 것 같아서 붕어빵이라고 부르지요. 그만큼 우리는 부모와 자식의 얼굴이 매우 비슷하게 닮았다는 생각을 기본적으로 하고 있습니다.

그런데 이게 모든 생물에게 동일하게 적용되는가는 또 다른 문제입니다. 호주로 한번 가보겠습니다. 호주에는 많은 이색적인 동물들이 살고 있습니다. 주머니를 가진 유대류부터 타조와 비슷한 에뮤 등등. 그중에서 우리에게 조금 낯선 조류를 소개해볼 텐데요. 바로 화식조라는 새입니다.

화식조의 머리에는 큰 볏이 있습니다. 이 볏은 닭의 볏과 달리

3-1 화식조. © Nevit Dilmen

뼈로 이루어져 있어서 매우 단단합니다. 재밌는 것은 이 뼈로 된 장식은 처음 태어날 때는 존재하지 않는다는 점입니다. 이 장식은 어린 화식조가 어느 정도 성장 과정을 거친 후 조금씩 자라나다가 성체가 되어 완전히 성장합니다. 우리가 이 사실을 알고 있는 건 화식조가 지금도 살아있는 조류이기 때문입니다.

만약, 화식조가 멸종한 화석종이라면 어떨까요? 그때에도 우리는 어린 화식조와 다 자란 화식조를 쉽게 구별해낼 수 있을까요? 아마 어려웠을 겁니다. 그렇다면 공룡은 어떨까요?

오늘날 살아있는 생물의 종을 분류할 때는 다음과 같은 기준으로 나눕니다. 첫째, 신체구조가 얼마나 유사한가? 둘째, 두 개체가 번식해서 후손을 낳을 경우 그 후손은 생식 능력이 있는가? 셋째, 생물의 DNA에 있는 염색체의 분자 배열은 얼마나 차이가 나는가? 하지만 공룡은 화석으로만 발견되기에 다른 기준은 사용할 수 없고, 형태만으로 구별하는 방법이 아직 널리 쓰이고 있습니다. 그렇다면 형태가 다르면 무조건 다른 공룡인 걸까요?

어릴 때와 성체의 모습이 다르다?

2006년 영국왕립학회지에는 트리케라톱스의 성장 과정을 연구한 논문이 실렸습니다. 몬태나 주립대학교의 잭 호너 박사가 보고한 이 연구에 따르면 트리케라톱스는 어린 시절과 성체의 모습이 다

3-2 미국 일리노이주 버피 자연사박물관에 전시되어 있는 트리케라톱스의 성장 과정 ⓒ 이수빈

르다고 합니다.

트리케라톱스는 세 개의 뿔이 달린 얼굴이라는 뜻으로, 눈 위에 두 개의 뿔이 앞을 향하고 있고, 코 위에 하나의 뿔이 달려 있습니다. 두 뿔은 앞으로 뻗은 모양을 하고 있지요. 그런데 어린 트리케라톱스는 특이하게도 어른과는 다른 모습을 하고 있습니다. 어린 트리케라톱스의 뿔은 어른의 뿔과 반대방향인 뒤를 향해 휘어 있는 모양이지요. 이 뿔은 성장하면서 앞으로 변형되는 모양을 하고 있습니다. 즉, 뿔이 뒤를 향해 있다가 커가면서 앞을 향하는 모양으로 변하는 것입니다.

이와 같은 변화 이외에도 프릴의 변화가 있었습니다. 프릴은 뿔공룡의 머리 장식으로, 머리의 정수리 부분이 길게 늘어진 것입니다. 잭 호너 박사는 트리케라톱스의 프릴의 끝 부분에 달린 작은 삼각형 모양의 돌기가 어린 시절에는 매우 컸다가 커가면서 점점 작아지는 것을 발견했습니다. 트리케라톱스는 성장하면서 머리에서 형태 변화가 일어난 것입니다.

셋이 하나라고?

대중매체에서 등장하는 공룡 중에서 박치기를 하는 공룡을 보신 적이 있으신가요? 머리가 대머리처럼 되어 있고 볼록 튀어나온 모습으로 유명한 박치기 공룡. 그중에서 아마 파키케팔로사우루스라는 공룡이 가장 유명할 듯합니다. 파키케팔로사우루스는 무려 30센티미터 두께의 머리뼈를 가지고 있고 머리의 형태는 돔 형태를 하고 있습니다. 척추는 충격을 완화하기 좋은 구조를 하고 있는데, 일부 공룡의 머리에서는 박치기를 실제로 했던 흔적이 발견되기도 하였지요.

파키케팔로사우루스 외에도 여러 박치기 공룡이 발견되었습니다. 1983년에는 그리스 신화에 나오는 저승의 강인 스틱스강에서 온 몰렉이라는 뜻의 스티키몰로크 스피니페르*Stygimoloch spinifer*라는 공룡이 명명되었습니다. 이 공룡은 박치기 공룡으로 뒤통수에 매우 긴 뿔이 나 있다는 것이 특징입니다. 다른 박치기 공룡에서는 찾아보기 어려운 점이었지요.

이 책을 읽는 분들 중 『해리포터』 시리즈를 좋아하는 분들이 많을 듯합니다. 소설 중에서 해리포터가 다니는 마법 학교의 이름이 호그와트이지요. 재미있게도 2006년에 이 호그와트라는 이름을 따서 명명한 공룡이 등장했습니다. 드라코렉스 호크와트시아*Dracorex hogwartsia*라는 이 공룡은 머리가 평평하며 작은 뿔 장식이 여러 개 달려 있습니다. 이 공룡이 보고될 당시 『해리포터』의 저자 조앤 K. 롤링은 호그와트가 공룡의 세계에 흔적을 남겨 매우 흥분된다며 기뻐하였습니다.

3-3 위에서부터 드라코렉스, 스티키몰로크, 파키케팔로사우루스. 모두 다른 모습이지만 연구 결과 고생물학자들은 이 공룡이 실은 다 같은 공룡인 것으로 보고 있다. Mineo(드라코렉스), meen_na(스티기몰로크), dottedyeti(파키케팔로사우루스) 제공.

그런데 방금 소개한 전혀 다른 모습을 한 세 종류 공룡이 사실은 하나의 공룡이라는 주장이 2009년에 제기되었습니다. 잭 호너 박사와 마크 굿윈 박사는 드라코렉스와 스티키몰로크, 그리고 파키케팔로사우루스의 두개골의 골 조직, 머리 장식의 형태, 돔 구조를 비교했습니다. 머리 장식의 형태를 조사해보니 세 공룡의 머리에 달린 뿔 모양 장식이 모두 같은 위치에 있었습니다. 즉, 드라코렉스의 머리에 달린 긴 뿔이 스티키몰로크에서는 좀 더 짧아진 뿔, 그리고 파키케팔로사우루스에서는 둥근 머리 장식으로 발달해가는 모양새를 보이고 있었지요. 머리의 돔 구조 또한 이들이 성장해가면서 발달해가는 모습을 보이고 있었습니다.

스티키몰로크와 파키케팔로사우루스의 머리뼈를 잘라 단면을 정밀히 조사한 결과, 스티키몰로크의 머리뼈 단면은 스폰지와 비슷한 구조를 하고 있었으며 봉합선이 관측되었습니다. 머리뼈의 단면이 스펀지 구조라는 것은 이 공룡이 성장기에 있었음을 보여

3-4 파키케팔로사우루스(좌), 스티키몰로크(중앙), 드라코렉스(우). © Tim Evanson

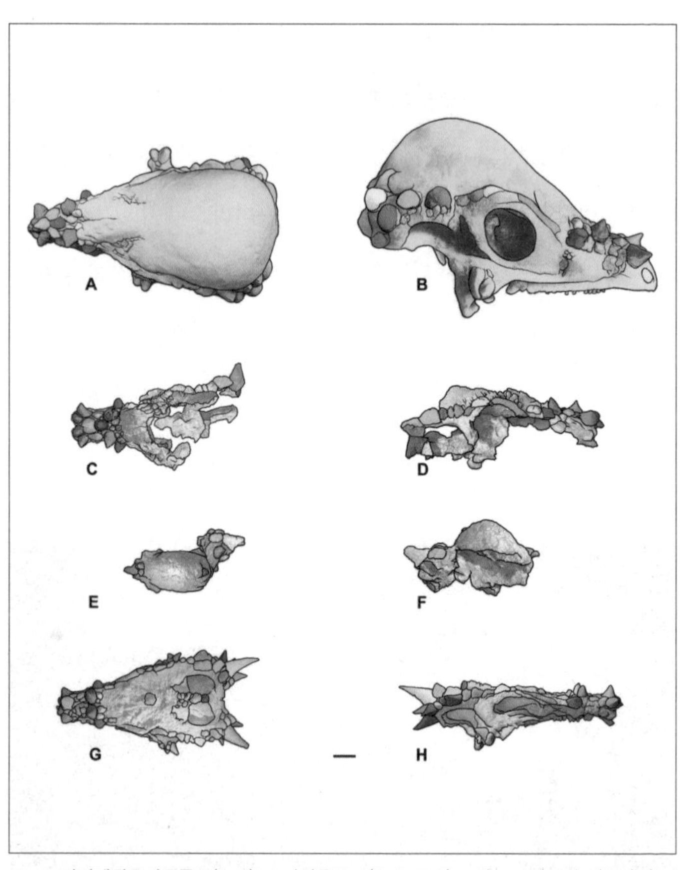

3-5 파키케팔로사우루스(A, B), 스티키몰로크(C, D, E, F),그리고 드라코렉스(G,H)의 머리뼈를 비교한 모습. 드라코렉스의 머리뼈 장식이 스티키몰로크, 파키케팔로사우루스로 변화하면서 모양이 변형되고 있다. ⓒ John R. Horner, Mark B. Goodwin

주는데, 어릴수록 머리뼈에 혈관과 림프관 등 맥관이 더 많이 존재하기 때문입니다.

봉합선은 어린 척추동물에서 보이는 특징 중 하나로, 어린 척추동물의 뼈는 성장하면서 여러 뼈가 융합되기 때문에 봉합되는 과정인 봉합선이 관찰됩니다. 이 봉합선은 완전히 성장해서 뼈가 온전히 봉합되면 사라집니다. 따라서 스티키몰로크의 두개골에서 봉합선이 보인다면 그 공룡이 성장기에 있었다는 것을 뜻합니다. 스티키몰로크의 머리에 있는 뿔을 잘라 살펴본 결과도 비슷하게 스펀지와 비슷한 봉합선이 있는 구조를 하고 있었습니다. 거기에 더해 뿔 같은 경우에는 단면에서 침식되어 작아지는 흔적까지 관찰되기도 했습니다. 즉, 뿔이 변화하고 있다는 직접적인 증거였습니다.

파키케팔로사우루스의 머리뼈 구조는 스펀지와 같은 모양이 아닌 더 단순한 구조를 하고 있었으며 봉합선도 보이지 않았습니다. 머리 장식에서도 자라거나 변형되는 흔적이 관찰되지 않았지요. 말하자면 다 자란 공룡이었던 것입니다.

2016년에는 이를 뒷받침하는 새로운 연구가 발표되었습니다. 북미 몬태나의 헬크릭층이라는 지층에서 3개체의 어린 파키케팔로사우루스의 머리뼈를 발견하였습니다. CT로 스캔한 결과 드라코렉스와 머리뼈 내부 구조가 유사하다는 것이 밝혀졌습니다. 따라서 드라코렉스 역시 어린 공룡으로 볼 수 있었지요.

이러한 이유로 인해 이 세 공룡은 현재 하나의 공룡으로 보고 있습니다. 그중에서 1931년에 제일 먼저 이름 붙여진 파키케팔로사우루스라는 이름이 유효하기에 현재 이 세 공룡은 모두 파키케팔로사우루스로 보는 추세입니다. 정확히는 어린 파키케팔로사우루스인 것이죠.

공룡은 어릴 적부터 다 자랄 때까지 각각 다른 모습을 한 경우가 있었음을 화석을 통해서 알게 되었습니다. 아직 어린 시절 모습이 밝혀지지 않은 공룡들도 많은데, 앞으로 또 어떤 연구가 발표되고 어떤 공룡의 어린 시절과 성장과정이 밝혀질지 기대됩니다.

4. 연부조직이 보존된 화석

보통 화석은 매우 단단한 부분만 보존되기에 생물이 살아있을 당시의 살점이나 부드러운 조직은 남아있지 않는 경우가 대부분입니다. 내장이나 뇌 이런 건 말할 것도 없고요. 그런데 기술이 발전하고 화석에 대한 지식이 늘어나면서 우리는 새로운 것을 찾아내고 또 알게 되었습니다. 가능성이 그리 높지는 않지만 간혹 생물의 부드러운 부분이 화석이 되는 과정에서 사라지지 않고 지금까지 보존된 경우이지요. 여기서는 2005년에 보고된 어느 티라노사우루스의 다리뼈와 다른 초식공룡의 뼈를 통해 화석에서 발견된 단백질 조직에 대해서 이야기하고자 합니다.

연부조직이 보존된 티라노사우루스의 다리뼈

2005년 새로운 티라노사우루스 표본이 학계에 보고되었습니다. 이 화석에는 B-렉스라는 애칭과 함께, MOR 1125라는 표본명이 붙었습니다. 이 표본은 암컷으로 추정되었는데요, 표본의 다리뼈에서 수질 조직medullary tissue으로 보이는 조직이 보존되어 있었기 때문입니다. 이 조직은 오늘날 암컷 새의 뼈에서도 보이는 조직인데, 암컷이 알을 낳을 때 알을 보호하는 알껍질을 만드는 칼슘이 바로 이 조직에서 나옵니다. 말하자면 수질조직인 것으로 보이는 흔적이 화석에서 발견되었다면, 그 생물이 암컷일 가능성이 있는 것이죠. 이렇게 볼 때 B-렉스는 매우 보존율이 좋은 개체임은 분명합

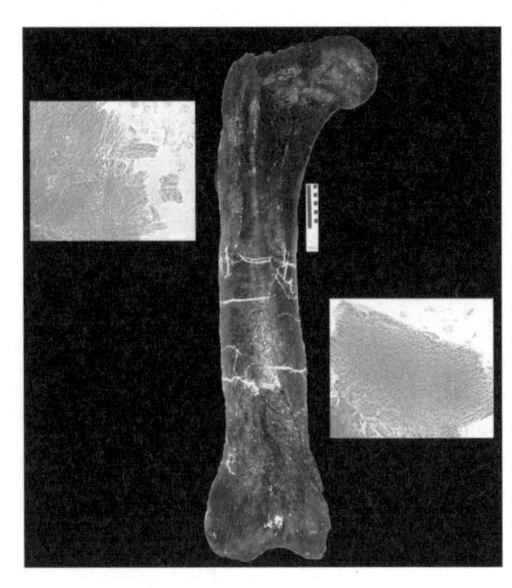

4-1 연부조직이 발견된 티라노사우루스의 다리뼈. © James D. San Antonio 외

니다.

그런데 2007년 이 화석에서 아주 놀라운 것이 발견되었습니다. 바로 부드러운 연부조직이 발견된 것입니다. 공룡의 골밀도에 대한 연구는 그동안 여럿 있었지만, 부드러운 연부조직이 보존된 채로 발견된 것은 MOR 1125가 처음이었습니다. 이 연부조직은 공룡이 살아있었을 당시 공룡의 살을 형성했던 단백질로 이루어져 있었습니다. 본래 화석이란 퇴적 후 광물의 침투로 인해서 무기질 성분으로 바뀌어 부드러운 것이 없어야 합니다. 그런데 B-렉스의 연부조직에서는 그 과정이 이루어지지 않았던 것입니다.

어떻게 이런 일이 가능했던 걸까요? 가능한 설명은 오직 하나뿐입니다. 어떤 작용으로 인해서 부패가 이루어지지 않고 지금까지 남았다는 것이죠. 즉, 이 뼈의 연부조직이 부패가 일어나지 않은 채로 뼈가 화석이 되어서 지금까지 보존되었던 것입니다.

현재까지 B-렉스에서 연부조직이 발견될 수 있는 이유에 대한 설명은 두 가지입니다. 첫 번째는 공룡의 뼈가 화석이 되는 과정에서 뼈를 이루는 인회석 성분이 재결정화 되면서 일종의 코팅 역할을 했다는 것입니다. 본래 뼈가 화석이 되는 과정을 보면 광물을 이루는 화학성분이 뼈와 연조직을 이루는 유기물과 치환작용을 하면서 무기물이 됩니다. 그런데 간혹 이 과정에서 뼈를 이루는 인회석의 화학성분이 재결정화 되면서 연부조직을 감싸게 됩니다. 그 결과 광물 속의 금속 성분이 연조직에 침투하는 것을 방지하는 작용이 일어나 연부조직이 보존되었다는 설명입니다. 연부조직을 처음 보고한 메리 슈와이쳐 박사가 이 가설을 주장했습니다.

또 다른 설명은 좀 복잡한데, 단백질을 이루는 연부조직의 분자와 지하수에 용해된 금속을 이루는 양이온, 그 외의 광물 결정체의 3중 결합이 연조직을 부패 및 분해로부터 보호하였다는 설명입니다.

쉽게 이야기해서, 첫 번째 설명은 뼈의 재결정화로 인한 코팅 작용으로 광물의 침투가 방지되어서, 두 번째 설명은 연조직과 지하수에 녹아 있는 금속 성분, 광물의 3중 결합으로 인해 유기물 성분이 그대로 보존될 수 있다는 설명입니다. 두 설명 모두 화석이 만들어지는 작용에 기반을 둔 설명이었습니다.

최근에 화석이 발견된 퇴적 환경 및 보존 당시의 상황을 분석해서 연부조직이 어떻게 보존될 수 있었는지를 보여주는 연구 결과가 나왔습니다. 연구를 진행하였던 미국의 로완 대학교, 메릴랜드 대학교, 압사로카 에너지 및 환경솔루션, 몬태나 주립 대학교의 공동 연구진은 다음과 같은 의문을 제시하였습니다. '화석이 만들어지는 퇴적지의 화학성분과 환경이 단백질 보존에 영향을 미치진 않았을까?' 이게 무슨 뜻이냐면, 기존에 제시된 설명인 화석이 만들어지는 작용을 넘어서서 화석이 만들어진 당시 환경이 단백질 보존에 어떤 영향을 미치지 않았을까 하는 것입니다. 과연 B-렉스가 발견된 지역은 과거에 어떤 모습이었기에 B-렉스의 단백질 구조가 보존될 수 있었던 것일까요?

다리뼈가 발견된 지역의 환경

B-렉스는 2000년 미국 몬태나에 있는 로키박물관에서 실시했던 현장조사에서 처음 발견되었습니다. 이후 3년 정도의 시간에 걸쳐서 발굴되었죠. 비록 아주 온전하게 발견된 것은 아니지만, 신체의 대부분이 보존될 정도로 보존율이 좋은 표본이었습니다.

이 공룡이 발견된 곳은 헬크릭 지층입니다. 사람들에게 익숙한

4-2 복원된 B-렉스의 두개골. ⓒ Tim Evanson

티라노사우루스, 트리케라톱스 등 많은 공룡들이 여기에서 발견되었지요. 2005년 연부조직을 보고하였던 슈와이쳐 박사는 MOR 1125가 발견된 지역의 부드러운 유형의 사암을 토대로 이 공룡이 과거 강의 하구지역에 묻혔을 것으로 추정하였습니다. 하지만 B-렉스의 단백질 보존이 환경과도 연관이 있을까 궁금했던 연구진들은 이에 대해서 의구심을 품었습니다. 화석이 발견된 지역을 다시 조사한 연구진은 이 공룡이 묻힌 곳이 헬크릭층에서 하부 쪽이었다고 밝혔습니다. 공룡이 묻힐 당시의 환경은 물의 유속이 매우 빠른 강의 하구였던 것입니다. 주기적인 홍수가 일어나는 범람원 환경이었죠. 따라서 슈와이쳐 박사의 추정이 옳았다고 연구진은 결론 내렸습니다.

그러면 이런 환경에서 티라노사우루스는 어떤 과정을 거치면서 묻히고 화석이 된 것일까요? 앞서 이야기했듯 연구진은 화석이 발견된 층의 암석과 퇴적구조로 미루어보아 티라노사우루스의 화석이 강의 하구에서 묻혔을 거란 슈와이처 박사의 견해에 동의했습니다. 사암이 주를 이루고 있는 환경은 주로 물살이 센 강 하구에서 만들어지기 때문입니다.

당시 북미대륙은 서부내륙해라는 거대한 내해로 나누어진 환경이었는데, 이 내해와 강의 하구가 만나는 지점 즈음에서 티라노사우루스가 묻힌 것입니다.

그렇다면 이 공룡은 강의 하구에서 죽어서 묻힌 것일까요? 연

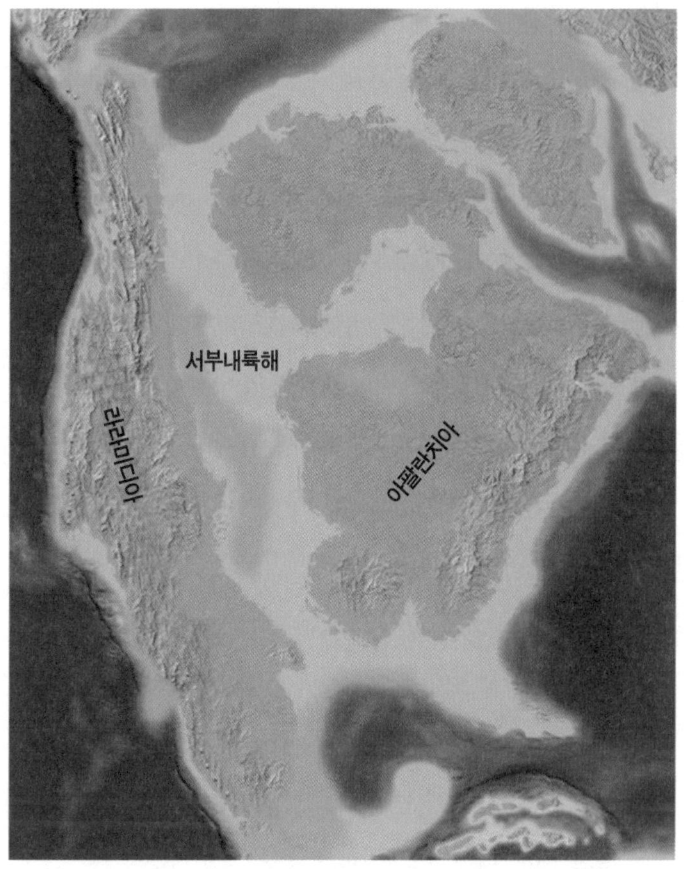

4-3 티라노사우루스가 살던 시절의 북미대륙의 모습. 서부내륙해를 중심으로 아팔란치아, 라라미디아 대륙으로 나뉘어 있었다. ⓒ Scott D. Sampson 외

구진은 그 가능성을 부정했습니다. 공룡의 뼈가 상당히 흐트러져 있었기 때문입니다. 뼈가 흐트러져 있었다는 것은 이 공룡의 사체가 오랜 시간 외부에 노출된 채로 부패했다는 것을 의미합니다. 또한 이렇게 오랜 시간 외부에 노출되었는데도 뼈가 상하지 않았다

는 이야기는 이 뼈가 묻힐 때 빠르게 묻혔다는 것을 뜻합니다. 만약 화석이 천천히 묻혔다면 오랜 시간에 걸쳐서 묻히는 과정에서 손상되었을 테니까요.

연구진은 퇴적 환경이 강의 하구라는 점을 생각할 때 이 공룡의 사체가 강의 상류에서 떠내려 오다가 물살이 매우 강한 하구에서 빠르게 퇴적되었다고 결론 내렸습니다. 뼈가 흐트러질 만큼 부패가 오래되었다는 것은 퇴적이 빠르게 일어나는 하구로 오기 전에 이미 상당히 부패하였다는 근거이기 때문입니다.

연구진은 B-렉스가 다음과 같은 상황에서 화석이 되었다고 결론 내렸습니다.

1. 티라노사우루스의 사체가 강의 상류에서 물의 흐름을 따라 하구와 서부내륙해가 맞닿는 곳으로 떠내려왔다.
2. 강의 상류에서 하류로 떠내려 오는 동안 물속에서 티라노사우루스의 사체가 부패하였다.
3. 강의 하류에서 유속이 약해지면서 사체가 물속으로 가라앉았다. 그 과정에서 부패한 사체가 분해되었다.
4. 강력한 홍수가 일어나서 분해된 사체를 빠르게 덮었다.

퇴적지와 연부조직 보존의 상관관계

자, 그러면 이렇게 퇴적작용이 일어나면서 B-렉스의 사체가 화석이 되었는데, 이 과정에서 무슨 일이 있었기에 연부조직이 보존된 것일까요? B-렉스는 물속에서 가라앉으면서 부패하고 분해되어 화석이 되었습니다. 그런데, 이 물은 그냥 물이 아니었습니다. 강의 하구이자 바다와 만나는 환경이라는 점 덕분에 물에 염분, 그리고 산소가 함유되어 있었습니다. 언뜻 보기엔 그냥 그런가 보다 할 수 있지만, 연구진은 바로 이것 때문에 B-렉스에서 연부조직이 보존될 수 있었다고 결론 내렸습니다. 염분과 산소가 함유된 수중환경에서 빠른 유속으로 흐르는 물을 따라 모래가 급격하게 티라노사우루스의 사체를 덮었습니다. 그리고 빠른 속성작용(퇴적물이 쌓여 뼈를 단단하게 누르면서 뼈의 성분이 변화하는 것)이 일어났습니다. 그런데 재미있게도 그 과정에서 뼈 안으로 광물질이 침투할 구멍이 막혀버린 것입니다. 뼈의 겉 부분은 화석이 되었지만, 연부조직이 있는 부분까지는 광물질이 침투하지 못했고, 그 결과 연부조직이 보존될 수 있었던 것입니다. 염분과 산소는 이 '코팅'이 좀 더 치밀하게 이루어질 수 있게끔 작용했습니다. 즉, 티라노사우루스 화석이 발견된 지역의 과거 퇴적 환경이 연부조직이 보존될 수 있는 적절한 환경이 되었으리란 이야깁니다.

정리해보면, 티라노사우루스 화석에서 연부조직이 보존될 수 있었던 이유는 다음과 같이 요약될 수 있습니다.

1. 이 공룡의 사체는 강의 상류에서 오랜 시간에 걸쳐서 떠내려 왔다. 공룡의 사체는 물속에서 부패하였다.
2. 강의 하구까지 떠내려온 공룡의 사체는 하구에서 모래에 급격하게 덮여서 화석이 되었다.
3. 퇴적되면서 급격하게 덮인 퇴적물이 광물질의 침투를 막아 부드러운 연부조직이 보존될 수 있었다.

초식공룡의 연부조직

2022년에는 공룡의 연부조직에 대한 또 다른 연구결과가 발표되었습니다. 미국 로완 대학교와 메릴랜드 대학교, 몬태나 주립대학교의 공룡 연구진은 록키 자연사박물관에 보관된 브라킬로포사우루스*Brachylophosaurus*라는 공룡의 화석에서 보존된 연부조직을 연구했습니다. 연구에 쓰인 공룡의 화석은 미국의 몬태나주에 분포한 주디스 리버층Judith river formation에서 발견되었습니다. 지층의 연대는 대략 8천 5백만 년 전에서 7천 2백만 년 전으로 측정되었다고 합니다. 그러니까 앞서 소개한 티라노사우루스보다 좀 더 이른 시기에 살았던 공룡이라고 볼 수 있습니다.

연부조직이 보존된 브라킬로포사우루스의 표본은 현재 몬태

4-4 브라킬로포사우루스. warpaintcobra 제공

나주의 록키 자연사 박물관에서 보관중인 표본 MOR2598입니다. 이 표본은 2006년에 발굴되었고 3년 후인 2009년에 학계에 보고되었습니다. 이 화석은 뒷다리만 보존되어 있었는데, 뒷다리의 아랫다리는 아직도 서로 붙어 있는 형태였습니다. 윗다리뼈, 그러니까 대퇴골은 분리된 채로 발견되었습니다. 이 화석에서 부드러운 연부조직이 발견된 것입니다. 여기서 발견된 연부조직은 콜라겐 I를 이루는 펩타이드라고 합니다. 근육을 이루는 연부조직이지요. 이 공룡의 화석에서 발견된 연부조직에 대한 연구에 따르면 공룡은 악어와 새에 가깝다고 합니다.

화석이 발견된 지층

브라킬로포사우루스 화석이 발견된 환경은 어땠을까요? 이 화석이 발굴된 주디스 리버층은 점토질, 진흙, 모래 등 여러 퇴적물이 퇴적된 환경입니다. 지층을 이루는 암석이 주로 점토암, 셰일, 이암, 사암 등으로 이루어져 있기 때문입니다. 이 지층에서 발견된 화석을 보면 공룡뿐 아니라 악어, 양서류, 심지어 상어까지 있었습니다. 따라서 주디스 리버층 지역의 과거 환경은 강의 하구 삼각지에서 해안 인근으로 해석되고 있습니다.

공룡의 다리뼈가 화석화 된 과정과 연부조직이 보존된 경위

처음 사체가 묻힐 때

희토류라는 말을 한번쯤은 들어보셨을 겁니다. 부연하자면 희토류는 땅을 이루는 원소 중에서 성분의 비중이 매우 적은 금속 원소 17가지를 말합니다. 희토류 원소는 무게에 따라 가벼운 희토류 원소, 중간 희토류 원소, 무거운 희토류 원소로 나뉩니다. 여기서 희토류 이야기를 하는 이유는 연구진이 브라킬로포사우루스의 왼쪽 다리뼈를 조사하면서 희토류 원소를 상당수 발견하였기 때문입니다. 브라킬로포사우루스의 다리뼈에서 발견된 희토류 성분은 철, 스트론튬, 바륨, 스칸디움, 이트륨 등이었습니다.

공룡의 다리뼈에서 희토류 원소가 발견된 것은 무슨 의미일까요? 연구진이 공룡의 다리뼈를 분석한 결과 희토류의 비중이 뼈의 위치에 따라 차이가 난다는 점이 밝혀졌습니다. 피부와 가까운 가장 바깥쪽은 가벼운 희토류인 란타늄La의 비중이 매우 높았고, 무거운 희토류인 이테르븀Yb의 비율이 낮았습니다. 하지만 화석의 안쪽, 그러니까 연부조직이 보존된 곳으로 가면 완전히 상황이 바뀌었습니다. 안쪽으로 가면 가벼운 희토류의 비중이 갑자기 확 낮아진 반면 무거운 희토류의 비중이 높아졌습니다. 이는 기존에 연부조직이 보존된 채로 발견된 티라노사우루스에서 보이던 특징이었습니다.

이를 토대로 연구진은 브라킬로포사우루스의 다리뼈가 연부조직이 보존된 티라노사우루스의 화석과 비슷한 과정을 거쳐서 화석이 되었다고 결론 내렸습니다. 기존 연구에 따르면 티라노사우루스의 화석은 강의 상류에서 죽은 공룡의 사체가 강의 하구로 떠내려 와서 화석이 된 것이었습니다. 브라킬로포사우루스 역시 비슷한 과정을 거쳐서 화석이 되었다고 본 것입니다. 다만 그 이후 과정에서는 약간 차이가 있는 것으로 보았습니다.

묻히고 난 후

화석이 묻히고 난 후에는 어떤 일이 있었을까요? 연구진이 분석한 결과를 보면 화석이 묻힌 초기에는 지하수가 뼛속으로 침투하는 현상이 일어났던 것으로 보입니다. 지하수가 계속 침투하면서 동시에 희토류 성분 또한 뼛속으로 침투하였지요. 이렇게 침투한 지하수는 뼈에서 금방 빠져나가지 않고 오랜 시간 고여 있었습니다. 강의 하구에서 빠르게 퇴적된 퇴적물의 아주 미세한 입자가

지하수가 빠져나갈 구멍을 전부 막아버렸기 때문이죠. 이는 곧 박테리아 등 연부조직을 분해하는 유기체의 침투 또한 불가능했다는 것을 뜻합니다. 그리고 이 상태로 뼈의 화석화가 진행되었습니다. 지하수는 이 과정이 지난 후 뼈에서 빠져나간 것으로 보입니다.

그렇다면 '화석 표면에서 발견된 가벼운 희토류는 무엇을 뜻할까?' 하는 의문이 듭니다. 이 가벼운 희토류는 브라킬로포사우루스의 다리뼈가 묻히고 난 후에 어떤 일이 있었는가를 알려주는 단서가 됩니다. 이 화석은 묻히고 난 후 다시 지하수가 흐르는 환경에 노출이 되었습니다. 이때 지하수로 인해서 화석을 덮은 암석 표면에 균열이 일어났고, 희토류 성분이 포함된 지하수가 뼈의 표면에 다시 침투하게 된 것입니다. 하지만 뼈의 내부까지 깊숙하게 침투하지는 못한 것이죠. 그 덕분에 뼛속 내부에 보존된 연부조직은 무사할 수 있었습니다. 광물로 치환될 성분 및 박테리아가 침투하지 못한 까닭입니다.

화석에서 부드러운 연부조직이 보존된다는 것은 최근까지만 해도 상상하기 어려운 일이었습니다. 하지만 최근 연구결과는 조건만 부합되면 연부조직의 보존도 가능하다는 것을 보여주고 있습니다. 앞으로 화석에서 또 어떤 것이 밝혀질지 궁금합니다.

5. 편견을 깨는 공룡의 모습

1822년 공룡을 뜻하는 단어 'Dinosauria'가 처음 만들어진 이래로 수많은 공룡이 발견되었습니다. 이후 600~1000종의 공룡이 발견되었죠. 공룡이 지구를 지배한 시간이 대략 1억 6천만 년 정도 되었다는 것을 기억한다면, 공룡은 어마어마한 숫자로 번성했을 겁니다.

대부분의 사람은 공룡 하면 티라노사우루스나 목이 긴 공룡, 심지어 공룡이 아닌 익룡이나 수장룡 같은 파충류의 모습을 떠올리실 겁니다. 하지만 화석 기록을 보면 우리의 상상을 뛰어넘는 모습을 한 공룡들이 과거에 살았음을 알 수 있습니다.

스칸소리옵테릭스

스칸소리옵테릭스*Scansoriopteryx*는 '기어오르는 날개'라는 뜻을 가진 공룡으로 2002년 중국에서 보고되었습니다. 본래 이 공룡의 골격은 개인 수집가가 가지고 있었는데, 아쉽게도 어디에서 공룡의 화석을 발견하였는지는 기록해놓지 않아 정확한 발굴 지역을 알 수 없다고 합니다. 화석이 발견된 지역을 모르면 이 공룡이 어느 시기에 어떤 환경에서 살았는지 알 수 없다는 문제가 있죠. 다행스럽게도 조사 결과 이 화석은 중국 허베이성에 분포하고 있는 티아오지산층Tiaojishan Formation에서 발견된 것으로 밝혀졌습니다. 이 지층은 쥐라기 후기인 1억 6천 5백만 년에서 1억 5천 3백만 년 전에 형성된 것으로, 따라서 스칸소리옵테릭스는 쥐라기 공룡이었던 것이죠.

스칸소리옵테릭스는 특이하게도 매우 기다란 손가락을 가지고 있습니다. 학자들은 이 기다란 손가락을 이용해 나무 안에 사는

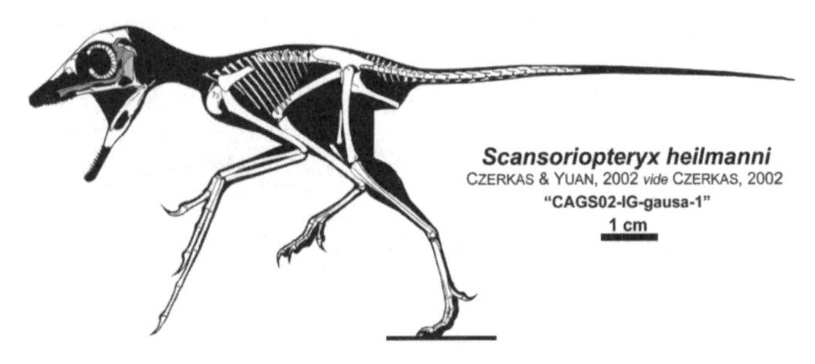

5-1 스칸소리옵테릭스 헤일만니(*Scansoriopteryx heilmanni*). © Jaime A. Headden

벌레를 꺼내 먹었을 것으로 추정하고 있습니다. 그런데 2015년 친척 공룡이 발견되면서 스칸소리옵테릭스의 생김새 역시 더욱 더 특이하였을 것으로 보고 있습니다.

이

이*Yi*는 2015년 중국에서 보고된 공룡입니다. 이의 화석은 스칸소리옵테릭스처럼 중국 허베이성에 위치한 티아오지산층에서 발견되었죠. 이의 특이한 점이라면 바로 앞발, 아니 날개에 있는데요. 마치 그 생김새가 살아있는 공룡인 새의 날개보다는 비막이 있는 박쥐의 날개와 더 일치합니다. 하지만 박쥐와 달리 이의 날개는 손가락뼈가 아닌 손목뼈에서 뻗어 나온 기다란 뼈가 지탱하고 있다는 점에서 박쥐의 날개와도 또 달랐죠. 이는 스칸소리옵테릭스와 매우 가까운 공룡입니다. 따라서 앞에서 나온 스칸소리옵테릭스와 그 친척 공룡들 역시 (보존되지는 않았지만) 비막을 지녔을 가능성이 있었습니다.

박쥐와 달리 이의 비막은 날아다니는 데에는 크게 적합하지 않았다고 합니다. 2020년 이의 몸무게, 날개 구조, 날개 폭을 조사한 결과 이의 날개는 새나 박쥐처럼 펄럭이며 날기에는 적합하지 않다는 결론이 나왔습니다. 대신 이들의 날개는 나무와 나무 사이를 활강하며 오가는 기능을 했을 것으로 보고 있습니다.

5-2 이 치(*Yi qi*)의 모습. © Emily Willoughby

옥소코

옥소코*Oksoko*는 2020년 몽골에서 보고된 공룡으로 약 7천 5백만 년 전 즈음에 살았다고 합니다. 옥소코는 알도둑으로 유명한 오비랍토르라는(다만 실제로 오비랍토르는 알도둑이 아니었을 겁니다. 이런 오해가 생긴 것은 오비랍토르가 처음 발견될 당시 둥지에서 발견되어 알을 훔쳐 먹는 공룡이었을 것이라 추정했기 때문입니다. 하지만 후속 연구 결과 둥지는 다른 공룡의 둥지가 아니라 오비랍토르의 둥지였음이 밝혀졌습니다) 공룡과 가까운 친척 공룡인데, 이 공룡이 다른 공룡과 다른 점은 티라노사우루스처럼 손가락이 2개만 달려 있다는 점입니다. 정확히 말하면 세 번째 손가락이 매우 극단적으로 퇴화해서 살 속에 파묻힌 것이었습니다. 이 공룡의 발견을 통해서 학자들은 오비랍토르와 그 친척 공룡들이 손가락을 잃어갔다는 것을 알게 되었다고 합니다. 옥소코는 3개체가 발견되었는데, 모두 어린 개체들이었습니다. 따라서 학자들은 이 공룡이 어린 시절부터 무리를 지어서 사회적으로 생활하였다고 보고 있습니다.

모노니쿠스

모노니쿠스*Mononykus*는 1987년에 소련·몽골 탐사대가 몽골에서 발견을 했는데요, 약 7천만 년 전에 살았던 공룡입니다. 이 공룡은 손가락뿐 아니라 앞발이 매우 극단적으로 퇴화해서 7.5센티미터 길이의 발톱 하나만 남아 있었습니다. 이를 발견한 학자들은 처음에는 이 공룡이 새로 진화하는 과정 중에 있다고 판단했으나, 연구를 계속 진행해보니 새로 진화하는 과정에 속한 것이 아니라는 놀라운 사실이 밝혀졌습니다.

5-3 모노니쿠스 오레크라누스(*Mononykus olecranus*)의 모습. © PaleoNeolitic

발톱밖에 없는 모노니쿠스의 앞발이 정확히 어떻게 사용되었는지는 아직 알 수 없습니다. 하지만 어떤 학자들은 이들의 앞발이 흰개미 굴을 팔 때 사용되었을 것으로 추정하고 있습니다.

베스페르사우루스

베스페르사우루스*Vespersaurus*는 2019년 브라질에서 보고된 백악기 후기에 살았던 몸길이 80센티미터 정도의 소형 육식 공룡입니다. 이 공룡은 특이한 발을 가지고 있습니다. 두 번째, 네 번째 발가락이 땅에서 떨어져 있고 세 번째 발가락만 땅에 붙은 특이한 구조를 하고 있지요. 현재 브라질은 아마존이라는 거대한 열대우림이 있지만, 이 공룡이 살았던 당시에는 거대한 사막이었다고 합니다. 따라서 이 공룡의 특이한 발 구조 역시 사막에서 살기 위해서 진화한 것으로 추정하고 있습니다.

카이홍

카이홍*Caihong*은 2018년에 중국에서 보고된 공룡입니다. 이 공룡은 발견된 지역이 티아오지산층이라는 점으로 미루어보았을 때 앞서 나왔던 스칸소리옵테릭스와 함께 살았던 것으로 보입니다. 즉, 쥐라기 후기인 1억 6천 5백만 년에서 1억 5천 3백만 년 전에 살았던

5-4 카이홍 주지(*Caihong juji*)의 모습. ⓒ I do dinosaurs

공룡이었지요. 카이홍은 깃털이 보존된 공룡이었습니다. 특이한 점은 깃털의 색깔이었는데요, 카이홍은 깃털에서 깃털의 색을 결정짓는 멜라노좀의 흔적이 발견되었습니다. 오늘날 벌새에서 보이는 멜라노좀 구조와 유사한 구조가 이 공룡에게서 발견된 것입니다. 그렇게 멜라노좀의 흔적을 따라 몸 색깔을 복원한 결과, 이 공룡은 무지갯빛처럼 여러 색깔로 이루어져 있었던 것으로 밝혀졌습니다. 실제로 보면 굉장히 예뻤을 듯합니다.

이 외에도 사람들이 흔히 생각하는 공룡과는 전혀 다른 특이한 모습을 한 공룡들이 발견되고 보고되고 있습니다. 앞으로 또 어떤 새로운 모습을 한 공룡이 발견될지 기대가 됩니다.

4장

화석에 관한 몇 가지 이야기

1. 서울에서 공룡화석이 발견되지 않는 이유

1972년 공룡알 화석이 처음으로 하동에서 발견된 이후 우리나라에서는 많은 공룡화석이 발견되었습니다. 보성과 화성에서 많은 수의 공룡알 화석이 발견되었으며, 해남과 고성, 화순에서는 무수히 많은 공룡 발자국이 발견되었지요. 특히 진주에서는 세계 최대의 공룡 발자국 화석지가 발견되기도 하였습니다. 또한 미국이나 중국처럼 엄청난 양의 공룡뼈 화석이 발견되는 곳에 비하면 매우 적은 편이긴 하지만 하동, 보성, 화성에서 공룡뼈 화석이 발견된 사례가 있습니다.

그런데 생각하다 보면 궁금한 점이 있습니다. 우리나라의 여러 지역에서 공룡을 비롯한 많은 화석이 발견되었는데, 왜 서울에서는 발견되지 않는 걸까요? 서울에서 공룡화석이 발견되고 화성

1-1 전라남도 보성군에서 발견된 공룡 코레아노사우루스 ⓒ 이수빈

1-2 전라남도 해남에 위치한 우항리층. 남한에서 화석이 발굴되는 퇴적층은 주로 남해안과 경상도, 강원도에 있다. ⓒ 이수빈

이나 보성, 해남처럼 관광지로 활성화된다면 서울에 사는 사람들이 관광지가 된 화석지를 찾아가기도 매우 쉬울 텐데 말입니다. 아마 공룡화석을 보러 아이들과 함께 지방으로 다닌 경험이 있으신 분들이라면 한 번쯤은 '지방까지 차를 운전하는 게 보통 힘든 일이 아닌데… 왜 서울에는 박물관만 있고 화석지 하나 없는 거야' 하는 생각을 하지 않았을까 싶습니다. 왜 서울에는 화석 발굴지가 없는 걸까요?

화석을 찾기 위한 두 가지 조건

화석을 찾기 위해 중요한 것은 바로 화석이 발견될 만한 암석으로 이루어진 지층을 찾는 것입니다. 화석은 퇴적암이라는 종류의 암석에서 만들어집니다. 퇴적암이란 퇴적작용으로 만들어진 암석인데 ① 진흙이나 모래, 자갈, 화산재 등이 쌓일 때, ② 조개껍데기가 쌓일 때, ③ 광물질이 녹아 있는 물이 건조한 환경에서 마르면서 광물질이 굳어질 때 만들어집니다. 화석은 이 중에서 모래나 진흙이 퇴적되면서 만들어진 암석인 이암과 셰일, 사암, 실트암 등에서 주로 발견되지요. 그 외에도 조개껍데기나 탄산칼슘이 쌓여 만들어진 석회암이나 화산재가 쌓여서 만들어진 응회암에서도 화석이 발견되기도 합니다.

　모래나 진흙은 입자가 매우 작은 크기입니다. 화석이 만들어지기 위해서는 암석을 이루는 입자의 크기가 매우 미세해야 합니다. 왜냐하면 생물의 유해나 흔적이 공기에 오랜 시간 노출되면 박테리아가 침투하여 다 썩어서 부서질 수 있고, 아니면 태양열을 받아 건조해지다가 바스러질 수 있기 때문이죠. 또는 물이 스며든 뒤에 얼어서 부서질 수도 있고요. (물을 잔뜩 담은 병을 냉동시키면 물이 얼면서 밀도가 커져 병이 부서지는 것을 생각하면 이해하기 쉬울 것 같습니다.) 그렇기 때문에 화석이 되기 위해서는 매우 미세한 틈새까지 단단하게 메워져야 하는데, 여기엔 진흙이나 모래가 제격입니다. 셰일이나 이암, 사암, 실트암 등 입자의 크기가 매우 작은 암석을 찾아야 화석을 발견할 수 있는 것입니다.

암석 외에도 암석으로 형성된 지층의 연대가 중요합니다. 공룡의 화석을 찾고자 한다면 공룡이 살던 시대인 중생대에 만들어진 지층을 찾아야 하겠지요. 만약 어떤 지층을 찾았는데 거기서 삼엽충, 또는 고래의 화석을 발견했다면 중생대에 만들어진 암석이 아니므로 공룡의 화석이 나올 수 없을 것입니다. 공룡이 살던 시기에 삼엽충이나 고래는 살지 않았으니까요. 이렇게 화석을 찾기 위해서는 크게 두 가지 조건이 필요합니다. 첫째는 '암석이 미세한 입자의 퇴적암으로 이루어져 있는가?'이고 둘째는 '내가 찾고자 하는 화석생물이 살았던 시기에 만들어졌는가'입니다.

서울에서 볼 수 있는 암석

그렇다면 서울과 경기도는 어떤 암석으로 이루어져 있을까요? 서울을 포함해서 경기도는 지질학적으로 경기육괴에 속합니다. 경기육괴는 한반도를 이루고 있는 땅 중에서 중부 즉, 가운데에 위치해 있습니다. 한반도는 지질학적으로 보면 크게 북부지괴, 중부지괴, 남부지괴로 나뉩니다. 북부지괴는 오늘날 북한의 대부분 지역입니다. 중부지괴는 경기도, 강원도, 충청도와 전라도 일부지역의 지질이 속합니다. 마지막으로 남부지괴의 경우에는 경상도 및 전라도의 일부 지역이 속합니다.

이 중에서 중부지괴는 임진강 근처의 임진강대와 경기육괴, 옥천대가 속하는데, 수도권 지역은 모두 경기육괴가 분포한 곳에 있습니다. 오늘날 경기도 상당수 지역과 일부 강원도 및 충청도 지역이 경기육괴에 포함됩니다.

경기육괴를 이루고 있는 암석은 원생대와 고생대, 중생대, 그리고 현대와 아주 가까운 제4기에 만들어진 암석으로 이루어져 있습니다. 제4기 암석은 지질학적으로 매우 최근 시기이며 연대도 길어야 몇만 년에서 몇십만 년 정도이죠. 중생대는 공룡이 살던 시대, 고생대는 그 이전 시대로 우리가 아는 생물과 그 조상뻘 되는 생물이 나타난 시기입니다. 그러면 원생대는 무슨 시대일까요?

원생대는 고원생대라고 하는 25억 년에서 16억 년 전 시기와 중원생대라고 하는 16억 년에서 10억 년 시기, 그리고 신원생대라고 하는 10억 년에서 5억 4천 2백만 년 전 시기로 나뉩니다. 고원생대, 그러니까 수십억 년 전에 만들어진 암석들이 분포한 지역을 경기 변성암 복합체라고 하는데, 이는 경기육괴의 이곳저곳에 널리 분포해 있습니다. 경기도에도 있고 서울에도 있고, 충청도에도 있는 식이지요. 최근에 발표된 우라늄 연대측정법에 의하면 경기 변성암 복합체는 27.6억~19.85억 년 사이에 만들어진 것으로 추정된다고 합니다.

경기 변성암 복합체를 이루는 암석은 편암과 편마암 등 변성암으로 이루어져 있습니다. 변성암이란 암석이 열과 압력을 받아서 다른 암석으로 변형된 암석을 이야기합니다. 편마암은 우리 주변에서도 흔히 볼 수 있는데요, 정원 장식으로 사용되는 돌이 주로 편마암입니다. 오래전에 만들어졌으니 변형이 많이 이루어진 것이지요. 이 암석들은 파주와 김포, 강화도 등 경기도 북부지역에 주로 분포합니다. 7~8억 년 전에 만들어진 암석들은 경기도에는 파주의 감악산 주변에 분포해 있습니다. 파주에 분포한 암석들은 변성암의 일종인 각섬암과 편암으로 이루어져 있지요.

간단하게 이야기하면 수도권의 땅을 이루는 암석은 주로 27.6~19.85억 년 사이에, 그리고 7~8억 년 전 사이에 만들어진 암석들로 이루어져 있습니다. 이 암석들은 본래 다른 암석이었다가 오랜 시간 동안 열과 압력을 받아 변형된 암석들입니다. 그중에는 편마암처럼 정원이나 길거리에서 보이는 돌 장식을 만드는 데 쓰인 것도 있습니다.

그러면 수도권에서 공룡이 살던 시대에 만들어진 암석은 뭐가 있을까요? 수도권에 위치한 암석 중에서 중생대에 만들어진 암석은 주로 화성암입니다. 화성암이란 마그마나 용암처럼 화산활동에 의해서 만들어진 암석이지요. 지금은 한반도에서 큰 화산활동이 없지만,● 공룡이 땅 위를 걸어 다니던 시절에는 화산활동이 매우 활발했다는 것을 암석을 보면 알 수 있습니다. 수도권에 분포한 화성암으로는 주로 화강암이 있습니다. 화강암은 지표면 아래 땅속 깊숙한 곳에서 마그마가 굳어져서 만들어진 암석입니다. 이 암석들은 매우 단단해서 건축 재료로도 쓰입니다.

서울에 분포하는 화강암은 서울화강암이라고 합니다. 이 암석이 만들어진 연대는 대략 1억 6천 7백만 년 정도 되었다고 합니다. 북한산을 이루는 암석이 주로 서울화강암에 속하는 화강암입니다. 공룡이 땅 위를 걸어 다녔을 무렵 북한산은 땅속에서 마그마로 존재했던 것이죠! 서울화강암 외에도 관악산을 이루는 대보화강암이 있는데, 서울화강암과 비슷한 시기에 만들어진 것으로 보입니다.

● 역사 기록을 보면 백두산이나 한라산이 분출했다는 기록이 있으니 화산활동이 없지는 않습니다. 실제로 백두산, 한라산 모두 휴화산, 그러니까 화산활동이 이루어지고 있으나 분출하고 있지 않은 화산입니다. 백두산 같은 경우는 최근에 분출 징후가 보인다는 이야기도 간간히 들려오는데, 큰 피해가 발생하지 않았으면 합니다.

그렇다면 화석이 발견되는 퇴적암으로 이루어진 지층은 서울에 없는 걸까요? 아쉽게도 서울에는 없습니다. 서울에는 화강암과 변성암이 주를 이루고 있으며 퇴적암으로 이루어진 지층은 존재하지 않습니다.

범위를 좀 넓혀서 경기도는 어떨까요? 경기도에 분포하는 퇴적층은 대동누층군과 시화층이 있습니다. 시화층에 대한 이야기는 다음 단락에서 이야기하도록 하고, 대동누층군을 먼저 이야기하자면, 남한에서는 대동누층군의 분포가 매우 적습니다. 김포에 극히 일부만이 분포하고 있을 뿐이죠. 김포에 위치한 대동누층군은 김포층군으로 분류되고, 김포층군은 다시 통진층과 문수산층으로 나뉩니다.

김포층군에 분포하고 있는 암석은 자갈로 만들어진 역암과 모래로 만들어진 사암, 진흙으로 만들어진 셰일과 석탄이 있습니다. 김포층군이 만들어진 정확한 시기는 아직 알 수 없으나, 현재까지 발견된 화석(식물, 이매패류 화석이 발견된 바 있습니다. 다만 상세한 연구는 아직 이루어지지 않았습니다)을 토대로 보면 트라이아스기 후기에서 쥐라기 초기에 만들어진 것으로 추정되고 있습니다. 분포지역이 매우 적고 발견되는 화석도 많지 않아 연구가 더 필요하지요.

수도권에 존재하는 유일한 화석지

김포층군은 수도권에 위치한 화석지이지만 아직 여러 가지로 연구가 많이 필요합니다. 하지만 서울 인근에는 아주 유명한 화석지가 하나 있습니다. 바로 경기도 화성시에 위치한 공룡알 화석지이지요.

경기도 화성시에는 공룡알 화석지로 유명한 시화층이 있습니다. 시화층은 화성시의 시화호 일대에 분포해 있는 퇴적암층으로, 이 지역은 한때 바다였으나 지금은 간척사업으로 인해 땅이 드러나 넓은 갈대밭으로 있습니다. 이곳에서는 여러 공룡알이 발견되었으며, 특히 2010년에는 코리아케라톱스라는 한국 최초의 뿔공룡이 보고되기도 하였죠! 지질 구조를 살펴보면 주로 보이는 암석이 자갈로 만들어진 역암과 진흙으로 만들어진 붉은색 이암입니다. 흥미로운 점은 화석지에서 역암이 이암 사이사이에 띠와 비슷한 형태로 분포한 퇴적구조가 관측된다는 점입니다. 이런 구조는 과거 퇴적환경을 암시하는 구조입니다. 과거 화성의 공룡알 화석지는 강 하구에서 주기적으로 홍수가 일어나는 범람원 환경이었을 것입니다. 화석지가 형성될 당시 평상시에는 진흙이 떠내려 와서 쌓이다가 홍수가 일어나면 자갈이 급격히 쓸려 와 층을 이루었기에 띠와 비슷한 구조가 형성된 것이죠. 홍수가 끝나면 다시 평상시로 돌아와 진흙이 쌓이다가 다시 홍수가 일어나면 또 자갈이 밀

1-3 시화호 갈대밭 사진. 공룡알 화석지가 이곳에 분포해 있다. ⓒ 이수빈

1-4 시화호에 분포한 시화층의 지질구조. 줄무늬가 있는 것은 주기적으로 홍수가 있었음을 보여준다. ⓒ 이수빈

1-5 시화호의 공룡알 화석. 둥근 것이 공룡알이다. ⓒ 이수빈

려와서 띠 구조가 형성된 것으로 볼 수 있습니다.

여기에서 나온 암석들 외에도 서울과 경기도에는 수억 년 전에 만들어진 편마암, 규암 등 여러 변성암과 화성암이 분포하고 있습니다. 이렇게 암석이 많이 분포해 있으나 정작 공룡 시대에 만들어진 퇴적층은 서울에서는 전무하다시피 하지요. 이런 이유로 수도권에는 화석 발굴지가 거의 없습니다. 공룡이 살던 시절의 퇴적층이 거의 남아 있지 않기 때문입니다.

간단히 정리해보면, 서울에 공룡 화석지가 없는 이유는 다음과 같습니다.

1. 화석은 퇴적암으로 이루어진 지층에서 발견되는데, 우리나라 수도권에는 퇴적암으로 이루어진 지층이 김포와 화성에만 극히 일부 존재한다.
2. 수도권의 암석들은 주로 암석이 변형된 변성암이나 마그마가 굳어져서 만들어진 화강암이다. 따라서 화석이 발견될 수 없다.
3. 경기도에 분포하는 퇴적층은 김포와 화성에 있다. 김포에 있는 퇴적층은 김포의 극히 일부지역에만 분포하고 있을 뿐이며 발견된 화석 기록이 많지 않아 아직 정확한 연대를 알기는 어렵다.
4. 화성시 시화호에는 공룡 시대의 퇴적층이 존재한다. 이곳에는 넓은 공룡알 화석지가 있으며, 공룡알뿐 아니라 공룡의 골격이 발견되어 코레아케라톱스라고 명명되었다.

2. 공룡알과 결핵체

제가 대학을 다닐 때 학교에는 화석 연구실이 있었습니다. 학교 연구실에 있으면 간혹 공룡알을 찾았다는 제보가 들어오곤 했습니다. 일반인들이 공룡알처럼 생긴 둥근 돌을 들고 와서 공룡알이 맞는지 확인해 달라는 의뢰였습니다. 그러나 대부분은 공룡알이 아닌 그냥 평범한 돌이었습니다. 어떻게 공룡알과 다른 돌을 구분할 수 있을까요? 공룡알은 과연 어떤 특징이 있는 것일까요?

공룡알과 매우 비슷하게 생긴 퇴적물, 결핵체

많은 분들이 공룡알로 알고 들고 오는 것들이 사실 공룡알이 아니라 결핵체라는 퇴적물이 대부분이었던 기억이 납니다. 결핵체란 퇴적작용으로 인해 생긴 둥그런 퇴적물입니다. 퇴적물이 쌓인 후에 용해, 침전과 같은 화학작용이 일어나면서 2차 퇴적구조가 만들어지는데, 결핵체도 그중 하나인 것입니다. 결핵체는 대체로 둥근 형태를 하고 있습니다. 둥근 모양을 하는 이유는 중심부에 있는 물질을 축으로 둥글게 형성되면서 만들어지기 때문입니다. 결핵체는 주로 해양환경에서 만들어집니다. 해양에 유입된 탄산염이나 마그네슘을 기반으로 만들어지기 때문이죠. 물론 육상환경에서도 생기기도 합니다.

결핵체 내부에서도 간혹 화석이 발견되기도 합니다. 화석을 중심축으로 할 경우에 말이죠. 이 화석들은 매우 단단하게 만들어진 결핵체 내부에 있기 때문에 퇴적 후에 가해지는 다짐작용(단단하게

2-1 알과 매우 비슷한 결핵체의 모습. 한국공룡연구센터 제공

눌리는 작용)을 거의 받지 않아 상태가 매우 온전하게 발견되는 경우가 많습니다.

그러면 자신이 찾은 게 공룡알이 맞는지 어떻게 알 수 있을까요? 크게 2가지를 따져보면 알 수 있습니다.

내가 어디서 찾았는지를 확인할 것

공룡알도 엄연히 화석입니다. 화석을 찾기 위해서는 모래나 흙, 진흙 등이 쌓여서 만들어진 퇴적암을 찾아봐야 하지요. 그러나 우리나라에서 퇴적암, 그중에서 공룡이 살았던 시기에 만들어진 퇴적암이 있는 지역은 많지 않습니다. 우리나라에서 공룡이 살았던 시대의 퇴적암 지층이 발견되는 지역을 간략하게 뽑아보자면 경상북도 일대, 안산 지역 일부, 화성시, 하동, 보성, 압해도 등등이 있습니다(북한까지 포함하면 신의주가 있습니다). 따라서 만약 서울에서 공룡알 같은 것을 찾았다면? 안타깝지만 누군가가 공룡알을 거기다가 두고 간 것을 찾은 게 아닌 이상 공룡알이 아니라 그냥 둥근 형태의 돌이라고 보면 됩니다. 앞서 이야기했듯이 서울에는 공룡알이 나올 만한 퇴적층이 없기 때문이죠. 즉, 내가 찾은 지역에 중생대 퇴적암으로 이루어진 지층이 있는지 없는지를 알아야 합니다.

그러면 만약에 중생대 퇴적층이 있는 지역에서 알과 비슷하게 생긴 것을 찾았다고 칩시다. 내가 찾은 게 공룡알이 맞는지 어떻게 알 수 있을까요? 간단한 방법이 있습니다.

알껍질의 모습

공룡알이 맞는지 확인할 수 있는 가장 간단한 방법은 바로 표면을 확인하는 겁니다. 공룡알은 표면에 그 특유의 특징이 있습니다. 결핵체에서는 보이지 않는 특징입니다. 바로 숨구멍입니다.

계곡이나 바닷가에서 찾을 수 있는 둥근 모양의 매끈한 돌과 새의 알을 만져보면 느낌이 다를 겁니다. 매끈한 돌과 새알의 차이는 바로 숨구멍의 존재 때문에 생깁니다. 숨구멍은 알 내부의 새끼가 숨을 쉴 수 있도록 공기가 통하는 일종의 환풍구입니다. 공룡알

2-2 공룡알 껍질 표면. 기공(숨구멍)의 흔적이 있어 거친 느낌이 있다. 한국공룡연구센터 제공

역시 환풍구 즉, 숨구멍이 존재합니다. 따라서 공룡알의 껍질은 매끄럽기보다는 조금 거친 느낌이 듭니다. 숨구멍의 흔적인 것이죠. 숨구멍의 형태는 공룡의 종류마다 차이가 있어서 공룡알을 동정할 때 참고가 되기도 합니다. 숨구멍이 가득한 공룡알의 표면도 무언가 자글자글한 알갱이가 가득한 모습입니다.

정리하면, 내가 찾은 것이 공룡알이 맞는지 확인하기 위해서는 ① 발견한 지역에 중생대 퇴적층이 있는가? ② 표면에서 알껍질 특유의 숨구멍이 보이는가를 확인하면 됩니다.

이제 좀 구분이 되었나요? 혹시 우연히 둥근 돌을 얻게 되었다면 한번 조사해보세요. 설령 공룡알이 아니더라도 과학 연구를 약간이나마 체험을 해보는 또 하나의 즐거움을 얻을 기회가 될지도 모르니까요.

3. 화석과 법, 윤리

세상에는 많은 범죄가 있습니다. 그리고 범죄는 아니지만, 윤리적으로 논란이 생기는 일도 생기죠. 법적으로 분쟁이 생겨서 누가 옳고 누가 그른지를 놓고 다투는 일은 어느 사회에서나 항상 일어납니다. 이런 일은 화석 연구에서도 종종 발생하고는 합니다. 여기서는 밀수, 그리고 법적·윤리적 논쟁이 일어난 화석들을 살펴보겠습니다.

밀수된 화석의 반환

세계에서 화석이 가장 많이 밀수되는 나라는 아마 몽골일 것입니다. 몽골은 20세기 초 미국의 학자 로이 채프먼 앤드루스가 고비사막에서 화석을 발굴한 것을 시작으로 수많은 화석 발굴 작업이 진

3-1 몽골 훈누몰에서 전시 중인 사우롤로푸스의 화석 ⓒ 이수빈

행되었습니다. 냉전 시기에도 폴란드 학자들이 연구를 진행했고요. 하지만 현재에는 법적으로 몽골 정부의 허가와 몽골 현지 학자의 동행을 통한 화석 발굴만을 합법으로 인정하고 있으며, 그렇지 않은 화석 발굴은 모두 불법입니다. 그래서 간혹 몽골의 공룡 화석을 밀수하였다가 걸려서 감옥에 가는 도굴꾼들이나 밀수꾼들의 소식이 뉴스에 나오기도 하지요. 2014년에는 미국의 어느 남성이 화석을 밀수하다가 적발되어서 감옥에 간 뉴스가 보도되었습니다. 에릭 프로코피라는 남성은 2010년부터 2012년까지 몽골에서 발견된 타르보사우루스*Tarbosaurus*와 중국에서 발견된 사우롤로푸스*Saurolophus*, 그 외에도 알도둑이라고 불리는 오비랍토르*Oviraptor*의 친척 공룡들의 화석을 밀수했다가 2012년 경찰에 체포되었고 감옥에 갇혔습니다. 화석을 밀수한 것에 대한 처벌이었죠. 담당 판사

는 이렇게 이야기했습니다. "그는 나쁜 사람은 아닙니다. 하지만 그가 한 행동은 나쁜 행동이었습니다."

보존 상태가 뛰어나지만 인정받기 애매한 학명

2009년 미국 시카고대학교의 폴 세레노 교수 연구진은 새로운 육식공룡을 학계에 보고하였습니다. 약탈자의 왕이라는 뜻의 랍토렉스 크리에그스테이니*Raptorex kriegsteini*라고 명명된 이 공룡은 같이 보존된 어류와 조개 화석 등을 토대로 백악기 전기에 살았을 것으로 추정되었습니다. 문제는 랍토렉스가 발견된 지층이 불분명하다는 것이었습니다. 화석을 연구할 때는 화석이 발견된 지층이 어디인지 아는 것이 매우 중요합니다. 지층을 통해 생물이 살았던 당시 환경에 대해 이해할 수 있기 때문이죠. 하지만 랍토렉스는 이걸 알아내기가 어려웠습니다. 왜냐하면 랍토렉스의 화석은 현장에서 발굴되어서 연구실로 옮겨진 것이 아니라 밀수되어 경매장에 올라온 것을 구매했기 때문이었습니다. 앞서 이야기했듯이 연구진은 화석이 백악기 전기 시기 지층에서 발견되었다고 추정했습니다. 하지만 2011년에 발표된 후속 연구에서 랍토렉스의 골격이 어린 타르보사우루스와 너무 닮았다는 점, 그리고 조개와 어류 화석만으로 연대를 알기엔 좀 부족하다는 점이 지적되었죠. 이런 상황에서 어쩌면 랍토렉스는 백악기 후기에 살았던 타르보사우루스의

3-2　일본 박물관에서 전시중인 랍토렉스의 두개골. ⓒ Kumiko

어린 공룡일지 모른다는 주장이 제기되었습니다.

결국 랍토렉스는 보존 상태는 좋았지만, 출처가 불분명했기에 학계에서 정식으로 인정받기 애매한 학명이 되고 말았습니다. 추가적으로 새로운 화석이 발견되고 연구되기 전에는 알 수 없는 일이지요.

논문으로 나온 공룡, 게재가 철회되다

2020년에 학계에 새로운 공룡이 보고되었습니다. 창의 왕이란 뜻의 학명을 지닌 우비라야라 주바투스*Ubirajara jubatus*라는 공룡인데요, 이 공룡은 전신에 깃털을 가지고 있었으며, 동시에 어깨에 기다란 깃을 지닌 특이한 모습의 공룡이었습니다.

그런데 이 공룡 화석의 소유권을 두고 화석이 발견된 브라질과 화석을 연구한 독일 사이에서 논란이 일었습니다. 그 결과 이 공룡을 다룬 논문이 철회되는 사건이 벌어졌습니다.

우비라야라의 화석은 1995년에 처음 발견되어서 독일로 옮겨졌습니다. 옮겨진 화석은 현재 독일 카를스루에 자연사박물관에 있습니다. 그런데 이 과정에서 문제가 생겼습니다. 본래 브라질에서는 화석을 해외로 옮길 때 정부 당국의 허가 및 브라질 과학기술혁신부에서 자격을 받아야 옮길 수 있습니다. 1995년 우비라야라의 화석을 옮길 당시 승인은 받았지만, 문제는 승인될 당시 우비라야라의 화석에 대해서 충분한 저술이 되어 있는가가 논란거리

3-3 우비라야라 복원도. © Luxquine

였습니다. 승인받을 당시 화석을 포함하는 2개의 석회암 상자라고 만 되어 있었죠. 따라서 브라질 당국이 정확히 이 공룡의 화석을 인지하고 승인하였는가가 논쟁거리였습니다. 이에 브라질 학자들은 우비라야라의 표본을 다시 브라질로 반환할 것을 요구하는 '#UbirajaraBelongstoBR(우비라야라는 브라질의 것이다)'이라는 운동을 하였습니다.

반면에 연구를 진행한 독일 박물관에서는 유네스코에서 지정한 '문화유산 소유권의 불법 수입·수출 및 이전 금지와 방지 협약'이 강제성을 가지기 전에 우비라야라의 화석이 독일로 넘어왔으며, 2007년 4월 26일 이전에 독일로 넘어온 문화재는 독일의 소유라는 법안이 2016년에 통과되었기에 돌려보낼 수 없다는 입장이었습니다.

결국 소유권에 대한 논쟁으로 인해서 우비라야라의 학술 연구를 실은 논문은 현재 임시적 게재 철회가 되었습니다. 학술 가치가 큰 표본임에도 불구하고 말이죠. 최근 소식에 따르면 우비라야라 화석의 소유권이 브라질로 넘어오는 데 성공했다고 합니다. 브라질로 소유권이 다시 넘어갔으니 관련 연구도 다시 진행되지 않을까 싶습니다.

밀수품에서 나온 익룡의 화석

위에서 나온 우비라야라와는 반대로 밀수품을 적발하는 와중에 상태가 매우 온전한 익룡의 화석이 보고되기도 하였습니다. 이 익룡 역시 브라질에서 발견된 익룡으로 투판닥틸루스 나비간스 *Tupandactylus navigans*라는 익룡입니다.

본래 이 익룡은 머리뼈만 발견되어서 정확한 모습은 알기 어려웠습니다. 그런데 2013년 브라질 경찰이 브라질 상파울루의 산토스항을 급습해서 밀수된 화석이 들어 있는 화물트럭을 압류한 일이 있었습니다. 세계 여러 수집가나 박물관에 팔려나갈 뻔한 화석들은 그렇게 상파울루대학교의 연구실로 보내졌습니다. 그리고 2021년에 기존에 알려지지 않았던 투판닥틸루스 나비간스의 전신 골격이 보고되었습니다. 화석을 포함하고 있는 암석의 형태로 보아 화석은 아라리피 분지Araripe Basin라는 곳에서 발견된 것으로 보인다고 합니다.

이렇게 발견된 투판닥틸루스는 전신뿐만 아니라 심지어 부드러운 연부조직까지 보존되어 있는 아주 상태가 좋은 표본이었습니다. 표본을 살펴본 결과 이 익룡은 날개를 폈을 때 2.7미터의 날개 길이를 가지고 있었습니다. 하지만 신체의 비율이 비행보단 육상 생활에 더 적합하였을 것이라고 합니다.

하마터면 밀수되어서 영원히 정체를 알 수 없게 될 뻔한 아주 귀중한 표본을 통해서 우리는 또 이 익룡에 대해서 알 수 있게 되었습니다.

화석 연구와 반군

현재 쿠데타로 인해 군사정권이 들어서고 시민과 군부의 갈등이 치열하게 이루어지는 미얀마. 이곳에는 중생대 백악기 시기 호박 광산이 있습니다. 호박은 나무에서 흘러나오는 송진이 굳어져서 생기는 것입니다. 보석의 한 종류이기도 한 호박은 영화 〈쥬라기 공원〉을 통해서 익숙한 분들이 많을 겁니다. 영화를 보면 호박에 들어 있는 모기에서 공룡의 혈액을 추출해서 공룡을 복원하기 때문입니다. 물론, 이건 영화에서나 가능한 일이긴 합니다. 여하튼, 미얀마 호박광산에서는 여러 종류의 곤충 화석과 새 화석, 도마뱀 화석, 심지어 공룡의 꼬리 화석까지 호박 속에 보존된 채로 발견되었습니다. 여러모로 학술 가치가 꽤 큰 호박이 세계에서 가장 많이 발견되는 곳이 바로 미얀마입니다.

그런데 문제는 바로 호박을 얻는 과정에 있습니다. 위에서 잠깐 언급했듯이 호박은 보석의 한 종류이기도 합니다. 그래서 잘 가공하면 나름 비싼 가격에 거래도 가능하지요. 그러면 이 돈은 어디로 흘러 들어갈까요? 사실 이 자금 상당수가 미얀마의 내전으로 흘러 들어갈 가능성이 매우 높습니다. 미얀마는 여러 소수민족이 주요 민족인 버마족과 함께 미얀마의 민족을 구성하는데, 문제는 이 소수민족에 대한 차별이 너무 심각하다고 합니다. 그래서 카치녹, 카렌족, 카야족, 샨족 등등 여러 소수민족이 독립하고자 반군을 조직하였고 미얀마 정부는 이를 탄압하고 있습니다. 그 결과 무장 투쟁으로 이어졌지요. (쿠데타 이후 군부가 장악한 현재 소수민족의 상당수는 민주화 운동에 참여하여 군부 세력과 교전을 진행 중이라고 합니다.) 문제는 이 과정에서 호박을 구입한 비용이 반군이나 군부 세력의 활동자금으로 들어가 내전에 쓰인다는 것이죠. 여기에서 학자들은 일종의 딜레마에 빠집니다. 그들의 주 업무인 연구를 위해서라면 미얀마에서 호박을 구해야 합니다. 표본이 없으면 연구를 못 하니까요. 하지만 그 과정에서 화석을 구매할 때 지불하는 비용이 미얀마 내전에 흘러 들어갑니다. 그렇다고 연구를 안 할 수도 없는 노릇입니다. 참 머리 아픈 문제입니다.

이 외에도 많은 사례가 있습니다. 미국에서는 한 수집가가 누군가에게 화석을 구매했는데, 화석의 정체가 궁금해 어느 고생물학자를 찾아간 일이 있었습니다. 그런데 조사 결과 화석은 기존에 보고된 바가 없는 신종 화석이었습니다.

지금도 보고되지 않은 귀중한 가치를 지닌 많은 화석이 도굴범, 밀수꾼, 그리고 그들에게서 화석을 구매한 수집가들에게 넘어가 있을지 모르지요. 부디 화석과 관련하여 밀수와 윤리적인 문제가 종식되는 날이 오기를 바랍니다.

4. 고생물 복원에 대하여

1993년에 아주 획기적인 영화가 개봉하였습니다. 이 영화는 참신한 내용으로 지금까지 공룡이 나오는 영화를 다룰 때 절대 빠지지 않는 일종의 공룡영화계의 대명사와 같은 영화입니다. 바로 〈쥬라기공원〉입니다. 영화를 보신 분들은 아시겠지만, 이 영화에서는 과거 공룡의 피를 빨았던 모기가 나무에서 흘러나오는 수액이 굳어져서 만들어진 광물인 호박 속에서 갇혀 현대까지 보존된 채로 있다 발굴됩니다. 이 호박 속 모기의 체내에서 공룡의 피를 뽑아내어 공룡을 복제한다는 아주 신박한 내용입니다.

〈쥬라기공원〉 이전에도 공룡이 나오는 영화는 있었지만, 주로 정글이나 미개척지에 공룡이 아직도 살아있다는 내용이 대부분이었지, 멸종한 공룡을 복제하는 방식은 아니었습니다. 〈쥬라기

공원〉 개봉 이후로 '공룡이 복원 가능한가? 매머드의 복원이 가능한가?'라는 질문은 많은 사람들의 이목을 끄는 주제였습니다. 물론 이는 원작소설과 영화적 상상일 뿐이며 실제로는 불가능합니다. DNA가 그 오랜 시간 동안 보존되지 못한다는 점, 모기가 피만 빨아먹는 것은 아니라는 점(모기의 주 먹이는 피가 아닙니다. 임신한 암컷 모기만이 피를 빨아먹지요. 임신하지 않은 암컷이나 수컷은 주로 과일이나 나무 수액을 빨아먹습니다), 결정적으로 모기는 공룡 시대의 후반기에 나타났다는 점 등등 여러 이유가 있기 때문이죠.

아무튼 어떻게든 고생물을 복원했다고 가정해봅시다. 과연 우리의 상상은 현실이 될 수 있을까요? 이번에는 고생물 복원의 가능성 여부가 아닌 복원 이후 그 효율성에 대해 이야기해볼까 합니다. 제 의견을 이야기하자면 저는 그 효용성에 회의적입니다. 고생물 연구나 유전학 연구 등등 많은 진보가 이루어진다 해도 말이죠. 거기에는 몇 가지 이유가 있습니다.

지구의 시간이 항상 똑같지 않았다

지구의 역사를 보면 알겠지만, 지구의 환경이 항상 똑같지는 않았습니다. 생물이 살기 위해선 생물에게 적절한 생태계가 구성되어야 하지요. 여기에는 지구와 태양의 거리, 지구의 크기에 따른 중력, 산소 농도, 기후, 먹이 등 여러 요소가 있습니다. 그런데 지구의 역사를 보면 지구의 환경은 항상 달랐습니다.

지구와 태양의 거리는 현재 1억 5천만 킬로미터 정도입니다. 그 거리를 두고 지구가 공전과 자전을 하고 있지요. 자전 시간은 우리가 다 알다시피 24시간이며, 공전 시간은 1년 즉, 365일입니다. 그런데 이 속도가 항상 똑같지는 않았습니다. 과거에는 자전의 속도가 지금보다 더 빨랐습니다. 즉, 하루가 24시간이 아니라 그보다 훨씬 더 짧았습니다. 얼마나 짧았는가 하면, 일본 교토대학교의 조교수 다카노리 사사키의 2016년 발표에 따르면, 지구의 역사 초창기 때에는 하루가 고작 4시간인 적도 있었다고 합니다.

하지만 지금과 같이 24시간이 된 이유는 바로 달의 존재 때문입니다. 달은 현재 지구에서 38만 4천 킬로미터 거리에 존재합니다. 이 거리는 항상 일정한 것은 아니고 초창기 때에는 그보다 훨씬 더 가까웠습니다. 당시는 달이 뜨는 시간이 훨씬 더 빨랐고, 하루의 길이 역시 더 짧았습니다. 이 변화는 지금도 계속 일어나고 있습니다. 1년이 지날 때마다 시간은 0.05밀리초(밀리초는 1000분의 1초)만큼 짧아지고 있습니다. 그러니까 달이 멀어지면서 지구의 하루 또한 시간이 갈수록 늘어난다는 뜻이죠.

과거 환경에 대한 가장 직접적인 증거는 역시 화석입니다. 오늘날 조개를 보면 성장선이 존재합니다. 조개는 자랄 때마다 껍데기에 나이테와 같은 줄이 하나씩 늘어납니다. 그런데 4억 년 전에 살았던 조개와 지금 사는 조개를 비교해보면, 이 성장선의 숫자가 차이가 납니다. 조개의 껍데기에 난 줄의 숫자가 훨씬 더 적었던 것이죠! 사사키 교수는 이런 근거를 들어 4억 년 전에는 한 달이 9일 정도였을 것이라고 주장하였습니다.

이렇게 시간 차이가 나면 생물에게 무슨 일이 일어날까요? 인간을 포함한 생물들은 바이오리듬이라는 생체시계를 가지고 있습니다. 우리는 낮에는 활동을 하고 밤에는 활동을 거의 하지 않고 잠을 잡니다. 이는 우리 몸이 24시간이라는 시간에 맞추어져 있다는 뜻입니다. 이를 서캐디안 리듬circadian rhythm이라고 하는데, 우리 몸을 이루는 세포에 생물학적인 리듬을 조절하는 유전자가 존재한다는 뜻입니다. 즉, 인간을 기준으로 보자면 인류가 지난 수백만 년에서 수십만 년 동안 하루 24시간에 주기적으로 이루어지는 활동(잠을 자는 시간, 활동하는 시간, 여성의 경우 월경을 하는 주기 등)을 세포 내 유전자가 주기적으로 조절을 하기에 규칙적인 생활을 한다는 뜻입니다.

자, 그러면 생각해봅시다. 인간은 24시간을 주기로 돌아가는 지구 속도에 적응해 있습니다. 그렇다면 과거 생물들은 어떨까요? 과거 생물들은 분명 달랐을 것입니다. 만약 하루 24시간보다 훨씬 짧은 하루를 사는 데 적응한 동물을 현대로 데려온다면, 과연 적응을 잘할 수 있을까요? 저는 좀 회의적입니다. 아마도 적응하는 데 어려움을 겪을 것으로 보입니다.

먹이공급이 어렵다

4억 년 전은 너무 옛날이라 치고 그렇다면 훨씬 이후에 살았던 동물들, 가령 공룡이나 매머드 같은 동물들은 어떨까요? 여전히 난관이 남아 있습니다.

첫 번째는 바로 먹이입니다. '먹이? 초식동물은 그냥 건초를 주고, 육식동물은 고기를 주면 되지 않나?'라고 생각할 수 있습니다. 그렇지만 최소한 초식동물의 경우 상황이 좀 다릅니다. 언뜻 보기에 초식동물은 아무 풀이나 나뭇잎 등을 보이는 대로 막 먹는 거 같습니다. 하지만 사실 초식동물들도 먹이를 가리는 경우가 있습니다. 왜냐하면 식물 입장에선 이런 포식자들로부터 자신을 지키기 위해서 여러 방식으로 방어를 하기 때문이죠. 이를테면 호주에 사는 코알라는 유칼립투스라는 나뭇잎을 먹습니다. 하지만 다른 초식동물들은 유칼립투스를 먹지 못합니다. 사실 유칼립투스는 강한 독성을 가진 식물입니다. 즉, 다른 초식동물들에겐 매우 위험할 수 있는 먹이라는 것이죠. 코알라는 이 독성에 적응하도록 진화하였기에, 유칼립투스 나뭇잎을 먹을 수 있는 것이죠. (사실 적응한 정도를 넘어서 유칼립투스에만 의존하는 상황입니다. 즉, 유칼립투스가 멸종하면 코알라도 멸종할 수밖에 없지요.)

그러면 생각을 해봅시다. 초식동물들이 육식동물로부터 자신을 지키기 위해서 여러 방어기제(빠른 달리기, 단단한 껍질, 뿔과 같은 무기 등등)를 발전시킨 것처럼 식물 역시 초식동물에게서 자신을 지키기 위해 방어기제를 진화시켜왔습니다. 쓴맛을 내는 성분을 분비한다거나, 엄청 맵거나, 또는 유칼립투스처럼 독성을 분비하거나 하는 식으로 말이죠. 초식동물 역시 여기에 또 적응하는 이른바 끝없는 경주를 하는 셈이죠. (생물학에선 이렇게 끝없는 생물 간의 진화를 통한 경쟁을 붉은 여왕 효과라고 부릅니다.) 그렇다면 과연 고생물이 그 방어기제를 쉽게 극복할 수 있을까요?

예를 들면 오늘날 초식동물들은 적응해서 아무 문제없는 물질을 식물이 분비하고 있는데, 이게 고생물에게 치명적이라면? 이런 상황에선 문제가 되겠죠. 즉, 오늘날 초식동물에겐 별 위협이 안 되는 식물이 고생물에겐 위협이 될 수 있다는 뜻입니다. 제 생각에 이를 막는 방법은 두 가지가 있습니다. 고생물을 끝없이 복원해서 오늘날 식물의 어떤 성분이 안전한지를 일일이 검사를 하거나(이 과정에서 겨우 복원한 고생물이 또 무더기로 죽어 나갈지도 모릅니다), 아니면 고생물이 살던 시절의 식물을 복원하거나 해야겠지요. 그렇다면 식물은 무슨 수로 복원하느냐 하는 난관이 또 생깁니다.

코끼리와 사자. 이 둘 중 누가 더 큰 동물일까요? 소와 늑대 중 누가 더 큰 동물일까요? 아니 고생물 복원에 관해 이야기하다가 웬 봉창 두드리는 소리를 하냐고요? 바로 고생물을 복원한다 해도 끝이 아닌 또 다른 이유를 설명하기 위해서입니다. 식물이 고기와 다른 점이 있다면 매우 질기고 단단하다는 점입니다. 식물은 섬유

질로 이루어져 있으며 세포와 세포 사이에도 동물 세포와는 달리 세포벽이 존재하지요. 따라서 초식동물들은 보통 장이 매우 길다는 특징이 있습니다. 그리고 이 특징 덕분에 몸 전체의 크기도 초식동물이 육식동물보다 더 큰 경향이 있는 것이죠. 장이 기다랄 뿐만 아니라 초식동물의 장 내부에는 여러 종류의 박테리아가 서식합니다. 이 박테리아들이 초식동물이 먹는 식물을 소화하는 데 유용한 작용을 하지요. 예를 들어 소와 토끼의 위와 맹장에 사는 박테리아는 식물의 셀룰로오스 성분을 분해하는 역할을 합니다.

자, 그러면 이제 감이 오실 겁니다. 공룡, 그리고 다른 고생물들 역시 박테리아의 도움을 받아 먹이를 소화하였을 것입니다. 그런데 문제가 있습니다. 박테리아 역시 생물입니다. 그리고 생물의 가장 큰 특징은 무엇일까요? 바로 진화를 한다는 것이죠. 이는 곧 공룡이 살던 당시의 박테리아와 현대의 박테리아 사이에는 큰 간극이 존재한다는 뜻입니다. 더군다나 박테리아는 세대교체가 굉장히 빠르기 때문에(고작 몇 분만 지나도 수백 세대가 넘게 늘어나 있습니다!) 진화 속도 역시 굉장히 빠른 편이지요. 게다가 공룡 자체는 화석으로 남지만, 공룡의 소화를 돕는 박테리아는 화석으로 남지 못합니다. 당연한 이야기일 수밖에 없는 것이 화석으로 남기 위해선 단단한 부위가 있어야 하는데 소화를 돕는 박테리아는 주로 내장에서 서식하지요. 그리고 그 내장은 썩어 없어졌고요. 따라서 화석으로 남을 수 없을뿐더러 설령 기적적으로 남아있다 한들 그 박테리아를 복원할 방법은 요원합니다. 그렇기 때문에 현생 박테리아를 이용하는 수밖에 없는데, 이 과정은 또 쉽게 이루어질까요?

산소 농도의 차이

먹이뿐만 아닙니다. 지구의 역사를 보면 산소의 농도 역시 항상 변해왔습니다. 이를테면 공룡이 살던 시기보다 훨씬 이전 시기, 우리가 화석연료로 자주 쓰는 석탄의 주재료가 되는 식물이 살았던 석탄기(3억 6천만 년~3억 년 전)에는 산소의 농도가 오늘날보다 훨씬 높았습니다. 오늘날에는 공기 중의 산소 농도가 21퍼센트이지만, 석탄기에는 산소의 농도가 최대 35퍼센트까지 높았습니다. 당시 석탄기의 생물들은 오늘날보다 더 높은 산소 농도에 적응하며 살았던 것입니다. 따라서 이 생물들을 그 시대보다 산소 농도가 더 낮은 현대에 복원한다면, 갑자기 낮아진 산소 농도 때문에 제대로 적응하지도 못할 겁니다.

공룡은 어떨까요? 흔히들 공룡이 살던 시대에는 산소 농도가 지금보다 높았다고 알고 있습니다. 하지만 사실 공룡이 살던 시절에는 산소 농도가 오늘날보다 더 낮았습니다. 석탄기 이후로 오늘날보다 높았던 산소 농도는 공룡이 등장하기 전 페름기 말 대멸종 이후로 확 줄어들었습니다. 이 산소 농도는 공룡이 살았던 대부분의 시기 동안 오늘날보다 낮은 수치였다가 공룡 시대 말기에 들어서야 오늘날과 비슷해졌습니다.

지금보다 산소 농도가 더 낮았던 시절에 살았던 공룡이니, 복원을 한다 해도 공룡에게 산소 농도는 크게 문제되지 않을 듯합니다. 하지만 먹이나 기후 등 여러 문제가 아직 남지요. 아니면 전혀 예상 못한 또 다른 문제 때문에 난관이 생길 수도 있고요.

지금까지의 이야기가 무엇을 뜻하느냐면, 고생물은 오늘날과는 전혀 다른 환경에서 살았기 때문에, 지금 시대로 데려오거나 복제를 한다 해도 적응하기 힘들 것이란 이야기입니다. 그렇다고 지구의 산소 농도를 바꾼다거나, 온도를 바꾼다거나 하는 건 가능성 여부는 둘째 치고 인간에게 위험하니 섣불리 하기도 어려운 일이죠. 당시 그곳에 살았던 식물도 복원해야 하고, 박테리아 등도 복원해야 하고, 또 거기에 오늘날의 질병에 감염되면 또 큰일 나니, 예방접종을 동물이 적응할 수 있게 해야 하고…. (오늘날 지구에 사는 병균이나 바이러스에 최소 수만 년 전에 살았던 동물이 면역력을 가지고 있을 리 없습니다.) 그 외에도 전혀 예상치 못한 문제가 생길 수 있습니다. 그걸 다 해결하고 고생물이 안정적으로 현대 시대에 살게 하려면 매우 많은 고생물이 죽어 나가겠지요.

결국 고생물은 복제하는 것도 불가능하지만, 설령 가능하다 해도 그리 좋은 결과를 가져오지는 못할 것 같습니다. 그나마 이득이 되는 것이라면 유전학, 고생물학 연구에 도움이 될 '수도' 있다는 것뿐이겠군요.

5. 바보들의 황금과 화석이 걸리는 질병

지난 몇 년간 전 세계는 코로나바이러스감염증-19라는 질병과 싸웠습니다. 과거를 돌아보면 인류의 역사는 질병과의 싸움이라 해도 무방할 만큼 고대부터 수많은 질병과 싸워왔고 이는 지금도 마찬가지입니다. 병균이나 바이러스가 몸에 침투하여 일어나는 질병은 비단 인류에게만 일어나는 현상은 아닙니다. 놀랍게도 우리가 살펴볼 화석도 이렇게 병이 드는 경우가 있습니다. 화석에서 발견되는 고생물의 질병 흔적이 아니라 화석 그 자체가 걸리는 질병입니다. 물론 정말 화석에만 침투하는 병균이나 바이러스가 있어서 화석이 사람처럼 감기에 걸린다거나 하는 것은 아닙니다. 하지만 이는 엄연히 '질병'이라고 불리고 있습니다. 여기서는 화석이 걸리는 질병에 대해서 이야기하고자 합니다.

바보들의 황금, 황철석

광물 중에는 황금과 매우 닮았으나 황금은 아닌 광물이 있습니다. 바로 황철석입니다. 황철석은 누런색에 반짝반짝 빛나는 모습이 황금과 매우 비슷해 언뜻 보기에는 구분하기가 쉽지 않습니다. 황금과 황철석을 구분하는 좋은 방법은 조흔판에 두 광물을 긁어보면 됩니다. 이른바 조흔색을 보는 방법이지요. 조흔판에 두 물질을 긁으면 황금은 누런색이 나오는 반면 황철석은 검은색이 나옵니다.

이 황철석은 화석에서 발견되기도 합니다. 화석은 생물의 유해에 광물이 침투해서 유기물이 무기물로 치환된 것인데, 이 광물 중에 황철석이 포함되어 화석에서 발견되는 것입니다.

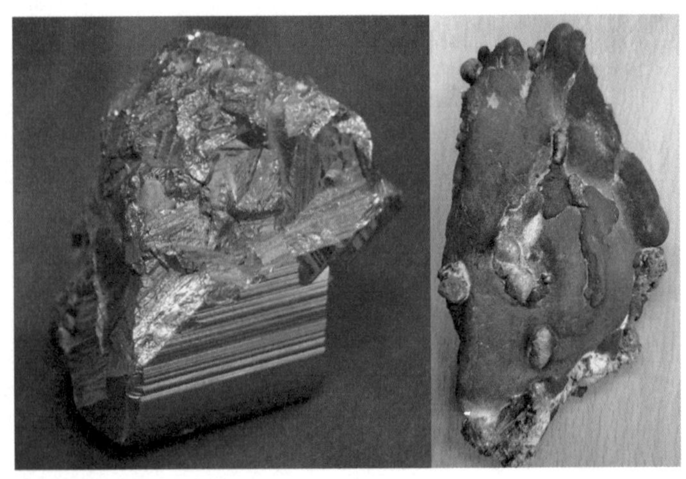

5-1 황철석(왼쪽)과 암석에서 자라난 황철석(오른쪽)의 모습. 한국공룡연구센터, 공주교육대학교 제공

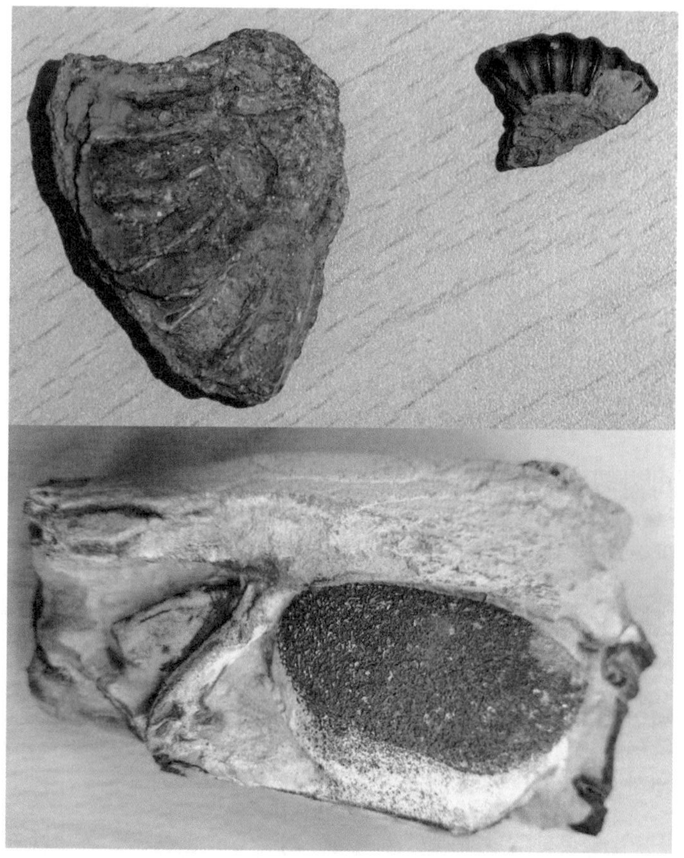

5-2 껍질의 성분이 황철석으로 변한 암모나이트의 화석 파편(위)과 고래뼈 화석에서 자라난 황철석의 모습(아래). 한국공룡연구센터, 공주교육대학교 제공

화석에 병을 일으키는 황철석

문제는 바로 이 광물의 특징입니다. 물질은 산소와 접촉하면 산화작용이 일어나는데, 특히 습한 곳일수록 반응이 더 크게 일어납니다. 황철석이 산소와 수분(주로 공기 중의 수분)과 접촉하면 이산화반응이 일어납니다. 황철석은 철Fe 원자 하나와 황S 원자 2개로 이루어져 있는데, 산화작용이 일어나면 이 연결이 끊어집니다. 연결이 끊어지면 황철석의 표면에 풍화성 광물인 철황산염이 형성됩니다. 그런데 이 과정에서 아황산이라는 산酸이 생성됩니다.

아황산은 산의 일종으로 화석에 닿으면 화석에 녹이 슬고 금이 가 파손됩니다. 또한 아황산은 가스 형태인 아황산가스로 발생합니다. 그런데 이 가스는 공기보다 더 가볍기 때문에 주변에 매우 쉽게 퍼집니다. 이 아황산가스가 퍼지면 다른 화석에도 황철석 질병이 일어나서 녹이 슬고 금이 갑니다. 마치 바이러스로 인해 질병이 퍼지는 것과 같습니다. 이렇게 황철석이 산소와 수분과 접촉하면서 화석에 악영향을 주는 현상을 황철석 질병이라고 합니다.

이 황철석 질병은 화석뿐 아니라 화석이 보관된 수장고의 금속성 물체에도 영향을 미칩니다. 또한 황철석 질병을 옮기는 아황산가스는 사람의 호흡기에도 좋지 않은 영향을 미칩니다.

황철석 질병을 일으키는 가장 큰 요인은 산소와 수분입니다. 특히 수분이 많은 습한 환경일수록 황철석 질병이 쉽게 일어나지요. 따라서 이 질병을 예방하기 위해서는 화석이 보관되는 수장고를 건조한 환경으로 유지하는 게 중요합니다.

황철석 질병의 사례

황철석 질병이 처음 관측된 것은 1878년 벨기에의 베르니사르Bernissart 지역의 광산에서 발견된 화석이었습니다. 이 광산에서는 대규모의 이구아노돈과 만텔리사우루스의 화석이 발견되었는데요, 이 발견으로 이구아노돈의 생김새에 대해서 좀 더 자세히 알 수 있게 된 것은 유명한 이야기입니다.

그런데 이 골격들에 대해서 알려지지 않은 또 다른 이야기가 있습니다. 바로 황철석 질병입니다. 이 공룡들의 화석은 폐광산의 깊숙한 곳에서 발견되었습니다. 즉, 산소가 오랜 시간 차단된 장소였던 것이지요. 하지만 발굴 작업이 이루어지면서 화석들이 갑자기 산소에 노출되었습니다. 이렇게 산소에 노출되면서 황철석 질병이 갑작스럽게 발생하게 된 것입니다. 이 질병은 화석이 발굴되고 2년간 석고 속에 밀봉되어 있을 때 이미 심각하게 진행되고 있었습니다.

당시에는 황철석 질병이 일어난 원인을 정확히 알지 못하였습니다. 이런 탓에 젤라틴이나 접착제를 사용하는 방식으로 화석에서 금이 간 부분을 메우고, 알코올과 비소, 니스를 이용해서 질병을 '치료'하기도 하였습니다. 하지만 이러한 치료는 수분이 화석에서 빠져나가지 못하게 막는 작용을 하여 결과적으로 상황만 더 악화시켰습니다. 황철석 질병의 원인을 알게 된 현재 이 이구아노돈의 화석들은 습도가 관리되는 유리 케이스에서 황철석 질병을 예방하는 방식으로 전시가 이루어지고 있습니다.

엄밀히 말해서 사람이 걸리는 질병과는 다르지만 그럼에도 질병이라고 불리는 황철석 질병. 바보들의 황금이라고 불리는 황철석으로 인해서 화석에 질병이 생길 수 있다는 사실이 참으로 신기합니다.

6. 대멸종과 스쿱

혹시 '스쿱'이란 말을 들어보셨나요? 이 단어는 연구직에 있는 분이라면 한 번 정도는 들어보셨을 겁니다. 아니 어쩌면 직접 겪어보셨을지도 모르겠습니다. 스쿱이란 간단하게 이야기하면 내가 하는 연구와 똑같은 연구를 다른 누군가가 먼저 논문으로 발표하는 것을 말합니다. 이런 일이 벌어지면, 의도가 있든 없든 간에 자신이 하던 연구가 까딱 잘못하면 쓸모가 없어질 수도 있습니다. 만약 악의적인 의도를 가지고 남의 연구를 훔쳐서 먼저 논문으로 발표를 하면 그건 윤리적인 문제가 됩니다. 엄연히 도둑질이지요.

최근 고생물 연구와 관련해서 이 스쿱 문제가 생긴 사례가 있었습니다. 연구 자체는 매우 획기적인 연구였는데, 이 연구와 관련해서 스쿱이 일어난 것이었습니다. 우리나라에서는 많이 알려지

6-1 공룡 대멸종 순간을 상상한 그림. Ara Hovhannisyan 제공

지 않은 사건이지만 해외에서는 크게 이슈가 된 문제였습니다. 이슈 내용은 공룡 대멸종 시기에 대한 연구였습니다.

어류와 대멸종

시작은 2021년 12월에 나온 한 연구에서였습니다. 영국 맨체스터 대학교의 드팔마DePalma 부교수와 미국의 연구진은 백악기 말 공룡 대멸종 당시에 있었던 일에 대한 새로운 연구를 《사이언티픽 리포트Scientific Report》라는 저널에 발표하였습니다. 연구 내용은 미국 노스다코타주의 헬크릭층의 타니스 화석지에서 발견된 철갑상어 화석을 분석한 것이었습니다. 타니스 화석지는 방사성 연대측정, 꽃가루 화석 분석, 화석지에서 발견된 이리듐층 등을 토대로 공룡 대멸종이 일어나기 직전부터 대멸종 발생 당시 만들어진 지층으로 밝혀졌습니다. 연구진은 타니스 화석지에서 발견된 주걱철갑상어 7마리의 표본, 12마리의 철갑상어 표본을 분석했는데요, 철갑상어 화석의 아가미를 형광 X레이 분석X-ray Fluorescence을 하였습니다. 화석에서 보이는 성장선, 그러니까 어류가 성장하면서 아가미에서 생기는 선을 분석하였던 것이죠.

화석을 분석해보니 특이한 점이 발견되었습니다. 아가미에서 보이는 성장선 간격이 벌어진 시기가 조금씩 차이가 난 것이었습니다. 2가지 다른 방사성 원소로 측정한 결과, 이 어류들은 겨울철에는 물의 염분 농도가 높은 바다에서 살다가 봄이 되면 민물로 돌아오고, 가을이 되면 다시 바다로 떠나는 것으로 밝혀졌습니다. 이 시기에 어류의 성장선을 보면, 봄에서 겨울, 그러니까 민물에서 살다가 겨울이 되는 시기에 급격한 성장을 하고, 겨울에서 봄 시기에는 거의 성장을 하지 않습니다. 그런데 타니스 화석지에서 발견된 어류의 성장선을 관측한 결과 성장이 봄에서 갑자기 끊기는 모습을 보였습니다. 즉, 이 어류는 봄에 갑자기 죽었던 것입니다. 죽으면 더는 성장을 할 수 없으니까요.

드팔마의 논문에 따르면, 기존에 식물, 곤충화석을 연구한 결과에서도 비슷한 결과가 나왔습니다. 예를 들면 오늘날 하루살이들은 봄철(4월~6월 사이)에 성충이 대규모로 우화해서 활동을 합니다. 그런데 비슷하게도 헬크릭층 타니스 화석지에서 하루살이 성충의 화석이 대규모로 발견되었습니다. 식물의 경우를 보면, 타니스 화석지에서는 속씨식물 화석이 대량 발견되었습니다. 그런데 이렇게 발견된 화석들은 대부분 이파리가 가지에 붙어 있었습니다. 이는 나뭇잎이 떨어지는 가을, 겨울이 아니라 나뭇잎이 가지에 붙어 있는 시기에 퇴적되어 화석이 되었다는 이야기입니다. 연구진은 식물들의 활동이 활발한 시기인 봄, 여름에 화석이 된 것이라며, 여러 정황을 종합할 때, 공룡 대멸종은 봄에 일어났다고 주장했습니다.

남의 연구를 훔친 것이었다?

그런데 2022년 12월에 이 연구와 '매우 똑같은' 연구가 또 발표되었습니다. 2022년 12월 스웨덴 웁살라 대학교의 멜라니 듀링Melanie A. D. During 연구원과 프랑스, 벨기에, 영국 연구진은 공룡 대멸종이 봄에 일어났다는 연구를 《네이처》에 게재하였습니다. 그런데 이 연구 역시 노스타코타주 헬크릭층의 타니스 화석지에서 발견된 철갑상어류의 화석을 이용한 연구결과였습니다. 연구방식은 좀 달랐지만, 철갑상어 화석을 분석한 것은 동일했습니다.

듀링 연구원과 연구진은 타니스 화석지에서 발견된 철갑상어류의 아가미에서 둥근 형태의 소구체Spherules를 여럿 발견하였습니다. 이 소구체는 아가미의 바깥 부분에만 있으며, 아가미 안쪽 어류의 신체 내부에서는 관측되지 않았습니다. 이렇게 아가미의 겉에만 있고 어류의 신체 내부까지는 들어가지 않았다는 것은 이 소구체가 아가미로 들어가는 순간 어류가 죽었다는 것을 뜻합니다. 게다가 뼈를 이룬 성분을 분석해보니 인과 칼슘의 함량이 매우 높았다고 합니다. 이는 빠른 매몰이 일어나서 철과 망간 성분이 뼈 사이의 빈 공간을 채워서 뼈의 성분이 변화하지 않아 일어난 결과라고 해석했습니다. 즉, 빠른 매몰, 그것도 공룡 대멸종이 일어날 즈음에 빠른 매몰로 화석이 되었다는 것은 이 어류가 공룡 대멸종 당시에 퇴적되어 화석이 되었다는 것을 뜻합니다.

총 6개체의 어류 진피, 그러니까 어류의 피부 가장 바깥쪽 부분을 분석해서 나온 성장선을 관측한 결과, 이들은 급격한 성장을 하던 시기에 죽었던 것으로 보입니다. 가장 바깥쪽 성장선이 급격하게 몰리다가 끊겼기 때문입니다. 그러면 이 어류들은 언제 죽었던 것일까요?

이 어류들은 여과섭식, 즉 물에 떠다니는 플랑크톤을 걸러서 먹는 식성이 있었습니다. 이 이야기를 하는 이유는 여과섭식을 하는 어류들의 이빨을 분석하면 이 어류들이 어느 계절에 죽었는지를 알 수 있는 또 다른 단서가 되기 때문입니다. 연구진은 철갑상어 턱뼈의 탄소 동위원소를 측정했습니다. 측정 결과 특정 시기에 탄소13/탄소12 비율이 급격하게 상승했던 것으로 관측되었습니다. 특정 시기에 탄소 원자의 비율이 급격히 증가했다는 것은 곧 그 시기에 어류들이 다른 시기보다 먹이를 더 많이 먹었다는 뜻입니다. 왜냐하면, 이 어류의 뼈에서 나온 무거운 탄소13원자의 비율이 높다는 것은 다른 때보다 더 많은 먹이를 먹어 어류의 뼈에 축적된 양이 더 많다는 것을 뜻하기 때문입니다. 이 어류의 먹이가 되는 동물 플랑크톤의 개체수는 봄에 들어서면 개체수가 증가합니다. 크기 역시 더 커지지요. 말하자면 동물 플랑크톤을 먹이로 먹는다면 봄이 급격한 성장을 하기에 가장 좋은 때라는 것입니다. 더 큰 먹이를 더 풍부하게 먹을 수 있기 때문이지요.

그런데 연구진은 가장 마지막에 탄소 비율이 급격히 상승하던 시기가 다른 때와 비교하였을 때 아직 최고조에 이르기 전인 것을 관측하였습니다. 이는 먹이를 가장 풍부하게 먹을 수 있는 시기에 다다르기 전에 이 어류들이 죽었다는 것을 뜻합니다. 이 결과가 나온 것도 탄소원자의 비율 덕분이었습니다. 골격에서 검출된 탄소원자의 비율이 다른 때보다 높기는 했지만, 이전 시기와 비교해보니 비율이 완전히 높지는 않았고 높아져가는 상황이었기 때문입니다. 먹이가 가장 풍부한 때는 아직 아니었다는 이야기였습니다.

먹이를 풍부하게 먹는 시기가 아직 최고조에 다다르지 않았을 때 급격한 매몰로 인해 사망한 어류. 이는 여러 가지를 종합했을 때 공룡 대멸종이 봄에 일어났다는 결과에 이르게 됩니다.

의혹

자, 이렇게 해서 공룡 대멸종 시기에 대한 연구를 소개해보았습니다. 그런데 이 글의 진짜 핵심 주제는 연구 자체보다도 그 뒤에 있는 이상한 의혹입니다. 두 연구는 공통점이 있습니다. 철갑상어류의 화석을 분석해서 나온 결과라는 것입니다. '그냥 우연의 일치 아닐까?' 하는 생각이 들 수 있습니다. 그런데 처음 나왔던 드팔마 교수의 연구를 두고 의혹이 제기되었습니다. 바로 드팔마 교수 본인이 연구한 결과물이 아닌, 타인의 데이터를 몰래 가져다가 논문으로 낸 것 아니냐는 의혹입니다.

이 의혹이 제기된 가장 큰 이유는 드팔마 교수의 연구에서 제시된 그래프가 컴퓨터 프로그램을 이용해서 제작한 것이 아니라 손으로 일일이 그린 것처럼 보인다는 점이었습니다. 마치 연구에 활용된 데이터는 처음부터 존재하지 않았고, 그래프는 타인의 연구 결과물에 끼워 맞추어서 만든 것 같은 모양새를 하고 있었죠. 여기서 타인이란 바로 듀링 연구원의 연구 결과물입니다. 듀링 연구원은 연구를 진행할 당시 드팔마 교수의 표본을 이용하였고 여러 조언을 구하기도 하였습니다. 이 과정에서 드팔마 교수가 듀링 연구원의 데이터를 몰래 가져다가 논문으로 낸 것 아니냐는 의혹이었습니다. 만약 그렇다면 본인이 정당하게 연구를 한 것이 아니라 타인의 연구를 뺏은 것이 됩니다. 이게 사실이라면 윤리적으로 매우 심각한 문제죠.

이에 대해서 드팔마 교수는 제기된 의혹 자체는 부정했지만, 그래프를 손으로 따서 그렸다는 것은 인정했다고 합니다. 그의 설명에 따르면, 그래프를 수동으로 그렸던 이유는 '분석 작업을 의뢰했던 과학자가 2017년에 사망하였기에 미가공 데이터가 누락되었다'고 합니다. 미가공 데이터란 처음 분석작업을 진행한 후에 나온 정리되지 않은 데이터를 뜻합니다. 이걸 정리해서 나온 것이 논문에 실리는 그래프 및 각종 자료입니다. 드팔마에 따르면, 이 미가공 데이터를 이용해서 컴퓨터 프로그램에서 그래프를 그린 것이 아니라, 데이터를 보고 일일이 그래프를 수동으로 작업해서 그렸다는 것입니다. (그런데 정작 그 과학자가 소속된 곳에는 연구에 사용되었던 분석기가 없었다고 합니다.)

뭔가가 좀 이상하다는 생각이 드나요? 만약 정말 데이터가 있다면, 데이터를 제시하면 모든 의혹은 사라질 겁니다. 그런데 드팔마 부교수는 데이터를 제시하지는 못했습니다. 의혹이 생길 수밖에 없는 상황인 것이죠. 심지어 논문이 게재된 후에 논문에 실린 이미지, 데이터 등을 논하는 웹사이트인 'PubPeer'에서는 드팔마의 논문에서 나온 그래프에서 데이터가 누락되거나 데이터와 결과물을 산출한 그래프가 맞지 않는 오류를 발견하기도 하였습니다.

학계의 반응

여러 학자들이 드팔마의 연구에 의혹을 제기했습니다. 『완전히 새로운 공룡의 역사』라는 책을 쓴 스티브 브루사테는 드팔마가 미가공 데이터만 제공하면 해결될 문제라고 말했습니다.

듀링의 지도교수였던 스웨덴 웁살라 대학교의 페르 알베르그 교수는 드팔마의 논문에서 표본을 19개체 사용했다고 하지만 논문에서 나온 데이터대로라면 19개체라는 숫자가 맞지 않는다는 점, 다른 개체를 연구한 그래프가 약간만 손을 보면 완전히 겹친다는 점 등 몇 가지 문제를 지적했습니다. 그러면서 이렇게 문제가 많은데 《사이언티픽 리포트》에 어떻게 통과되었는지 모르겠다며 경악했습니다. 몇몇 학자들은 드팔마의 논문에서 오타나 표기 오류 등이 수정되지 않고 그대로 나온 점을 지적하기도 했습니다. 이에 대해서 《사이언티픽 리포트》는 2022년 12월 9일자로 논문의 데이터에 문제가 있다는 경고문을 추가했습니다.

아직 드팔마의 연구가 스쿱이 맞는 건지 아닌 건지는 결론이 확실하게 나지 않았습니다. 다만 이런 논란이 있었다는 점, 그리고 이 논란이 우리나라에서는 그리 크게 알려지지는 않은 이유에 대해서는 다시 생각해봐야 할 것으로 보입니다. 차후에도 언제든 생길 수 있는 문제인 만큼 이 사건이 어떻게 결말이 날지 관심을 가지고 지켜보는 것은 어떨까요.

7. 화석은 왜 특이한 자세로 발견될까?

생물의 유해나 흔적이 남은 것이 화석입니다. 하지만 대부분 생물의 유해는 전신이 온전하게 발견되는 경우가 손에 꼽을 정도로 매우 적습니다. 간혹 드물긴 하지만 전신이 온전히 발견되는 경우도 있긴 합니다. 멀리 갈 것도 없이 시조새라는 이름으로 유명한 아르카이옵테릭스의 표본이 그렇습니다. 생물의 전신이 보존된 채로 화석으로 발견되는 건 좋은데, 한 가지 눈에 띄는 점이 있습니다. 바로 생물의 자세입니다. 시조새는 화석에서 머리와 목이 등 쪽으로 크게 휘어 있으며 꼬리 역시 둥글게 휘어 있는 모습입니다.

전신이 보존된 생물이 모두 같은 자세로 발견되는 건 아니지만 상당수의 생물 화석이 특이한 자세로 발견됩니다. 이 특이한 자세를 1890년 캔자스 대학교의 윌리스톤S. W. Williston 교수는 후궁반장 자세Opisthotonic death pose라고 명명하였습니다. 생물은 왜 그와 같은 특이한 자세로 발견되는 걸까요? 이에 대해 여러 연구와 설명이 있습니다.

7-1 시조새의 화석. 후궁반장 자세로 화석이 발견되었다. ⓒ Wollwerth Imagery

여러 가설들

이 특이한 자세에 대한 의문점은 예전부터 꾸준히 제기되어 왔습니다. 1918년에 일리노이 대학교 의과대학의 로이 무디Roy Moodie 교수는 죽기 전의 몸부림으로 인해 생긴 자세라고 설명하였습니다. 로이 무디는 "고병리학 연구studies in Paleopathology"라는 논문에서 뇌척수염 때문에 발작이 일어나 생물이 후궁반장 자세를 취하는 것이라고 주장했습니다.

혹시 활울림긴장opisthotonus이라는 발작 증상을 들어본 적이 있나요? 다소 생소한 이 증상은 뇌수막염, 파상풍, 뇌종양 등 여러 병이나 감염, 중독으로 야기된 뇌척수염이 원인이 되어 일어나는 발작입니다. 이 증상이 나타나면 전신이 활과 비슷한 자세로 굽습니다. 허리는 뒤로 휘어지고 목과 머리, 어깨와 다리는 등 쪽으로 굽는 자세가 됩니다. 무디 교수는 후궁반장 자세로 발견된 많은 척추동물의 화석이 신경독에 중독된 것으로 보인다고 주장했습니다. 즉, 생물이 죽고 나서 후궁반장 자세를 하게 된 것이 아니라 죽기 전에 모종의 이유로 활울림긴장 발작이 일어나게 되었고, 그대로 퇴적물에 묻혀서 화석이 된 것이라는 이야기였습니다.

반론과 여러 다른 가설들

로이 무디의 주장을 반박하는 새로운 주장은 이듬해인 1919년 제기되었습니다. 뉴욕 자연사박물관과 메트로폴리탄박물관 소속의 바쉬폴드 딘Bashford Dean 박사는 후궁반장 자세가 살아있을 때가 아니라 죽고 난 뒤에 생긴 자세라고 주장했습니다. 딘에 따르면 생물의 특이한 자세는 사체가 썩어가는 과정에서 근육과 인대가 경직되면서 휘어진 것이었습니다. 다시 말해, 사후경직이 후궁반장 자세의 원인이라는 것입니다.

같은 해 무디 교수는 재반론을 제기하면서, 목 근육이 휘어질 때는 강력한 힘이 들어가야 하기 때문에 사후경직이라면 휘어지는 자세가 생길 수 없다고 주장했습니다. 여기에 덧붙여 생물이 죽고 난 이후 사체가 경직이 되었기 때문에 딘 박사가 착각했을 것이라고 말했습니다. 1923년 무디 교수는 오늘날 살아있는 생물 중에서 후궁반장 자세로 죽은 생물에서 척수염 질병의 흔적이 발견되었음을 근거로 제시하며 자신의 주장을 뒷받침했습니다.

하지만 1925년과 1927년에 이 자세가 실은 생물이 죽고 난 이후의 자세라는 반론이 또 다시 제기되었습니다. 독일 튀빙겐 에버하르트 카를 대학교 소속의 프리드리히 폰 후에네Friedrich von Huene 박사, 그리고 할레 비텐베르크 마르틴 루터 대학교 소속의 요하네스 바이겔트Johannes Weigelt 교수는 후궁반장 자세가 생물이 죽고 난 이후 생긴 자세라고 주장하였습니다. 후에네 박사는 파타고니아에서 과나코와 타조가 죽은 후 사체가 건조해지고 근육계가 수축하면서 후궁반장 자세가 일어난 것을 관찰했다고 했습니다. 딘 박사가 제기한 근육 경직이 원인이라는 주장이 옳다는 이야기였습니다.

이 외에도 후궁반장 자세를 설명하는 여러 가설이 있었습니다. 생물학적 설명 중에서는 중추신경 손상으로 인한 고통이 원인이라는 가설, 생물이 죽고 난 이후 인대가 늘어지면서 일어난 현상이라는 가설 등 여러 주장이 제기되었습니다. 이러한 여러 주장이 제기되면서 무디 교수가 처음 주장했던 활울림긴장이 원인이라는 가설은 고생물학계에서는 이후 대략 80년 정도 잊히고 거의 언급되지 않았습니다.

1927년에 당시 호엔하임대학교 소속의 지질학자 베르너 쿠엔스테트werner quenstedt는 후궁반장 자세가 물의 흐름에 의해서 일어나는 것이라고 주장하였습니다. 생물의 유해가 물을 따라 흘러갈 때 머리가 어딘가에 고정된 채로 몸이 꺾이면서 후궁반장 자세가 되었다는 이야기였습니다. 그 외에도 물속에서 유해의 머리, 목, 꼬리가 물기둥에 매달린 채로 심해로 가라앉으면서 생긴 자세라는 가설, 염수에서 생물의 사체가 삼투압현상(염분의 농도가 다른 두 액체가 접하게 되면 염분의 농도가 높은 곳으로 수분이 빠져나가는 현상. 이 삼투압 현상으로 인해서 민물고기는 바닷물에서는 생존할 수 없습니다. 몸의 수분이

죄다 빠져나가버리기 때문이죠)으로 인해서 생긴 자세라는 가설, 생물의 사체가 미라처럼 마르면서 생긴 자세라는 가설 등 여러 가설이 제기되었습니다.

2000년대에 들어 부활한 가설

이렇게 여러 주장이 제기되던 중 2007년 과거에 제기된 주장이 다시 부활합니다. 2007년 당시 예일 피바디박물관 소속의 신시아 마셜 파우스Cynthia Marshall Faux 연구원과 버클리대학교의 케빈 파디안Kevin Padian 교수는 무디 교수가 처음 주장했던 활울림긴장이 후궁반장 자세의 원인이라는 주장을 다시 제기하였습니다. 그들은 몇 가지 실험을 진행하고는 후궁반장 자세가 일어나는 몇 가지 조건을 제시하였습니다.

이들의 실험은 몬태나의 맹금류보전센터에서 여러 맹금류들의 사체를 이용해서 진행되었습니다. 새가 죽고 난 이후 사체에 어떤 변화가 일어났는지를 관측한 것입니다. 그 결과 사후경직이 일어났을 때는 근육이 축소되고 뻣뻣해지지만 후궁반장 자세가 관찰되지는 않았다고 합니다.

이 실험을 통해서 파우스와 파디안은 후궁반장 자세의 원인으로 지목되었던 사후경직이나 인대의 확장 등 생물의 사후에 일어난 현상이라는 주장을 반박하였습니다. 게다가 지면 위에 사체가 오랫동안 존재할 경우 다른 육식동물들이 사체를 뜯어먹거나 혹은 다른 영향으로 인해 사체가 파손될 가능성이 있기 때문에 생물의 사후에 만들어진 자세라고 보기에는 애매하다고 지적했습니다.

퇴적작용에 의해 생긴 자세라는 주장은 어떨까요? 이들에 따르면 퇴적작용 역시 후궁반장 자세를 설명하기에는 부족하다고 합니다. 물의 흐름을 따라 사체가 움직여 후궁반장 자세를 하게 된 것인지를 알기 위해서는 ① 물의 흐름 방향과 목, 꼬리, 다리가 휘어지는 방향이 정확히 일치해야 하며, ② 같은 환경에서 똑같은 모습의 화석이 여럿 보존되어야 한다고 주장했습니다. 하지만 후궁반장 자세가 관측된 화석은 이와 완전히 일치하지 않았습니다.

그렇다면 후궁반장 자세가 활울림긴장으로 인해서 일어난 자세라는 근거는 무엇일까요? 파우스와 파디안의 연구에 따르면 오늘날 동물의 사례에서 후궁반장 자세는 오직 활울림긴장 발작에서만 관측된다고 합니다. 앞서 우리는 활울림긴장이 질병이나 감염, 중독으로 인해 발생한 뇌척수염 때문에 일어난 발작이라고 언급했습니다. 파우스와 파디안에 따르면 오늘날 야생에서 후궁반장 자세로 죽은 생물들을 조사해보면 모두 활울림긴장 발작이 일어날 만한 조건이었다고 합니다. 대기에 독성이 있다거나 하는 식으로 말이죠.

게다가 이들은 후궁반장 자세가 주로 공룡과 새의 화석에서 관측된다는 점을 들면서 어쩌면 후궁반장 자세에 분류학적 요인이 있지 않을까 하는 추론을 했습니다. 이 생물들의 높은 신진대사 활동으로 인해 산소 농도가 다른 곳 대비 적은 환경에서 활울림긴장 발작이 특히 더 잘 야기되어서 죽기 전에 후궁반장 자세를 자주 일으킨다는 것입니다.

정리하면 파우스 연구원과 파디안 교수는 후궁반장 자세로 화석이 발견되려면 다음 3가지 환경에서 화석이 형성되어야 한다는 결론을 내렸습니다.

첫째, 생물이 후궁반장 자세로 죽고 나서 거의 바로 퇴적되어야 하며 둘째, 강물에 오랜 시간에 걸쳐서 떠다니는 일이 없어야 하고 셋째, 육식동물이 사체를 뜯어먹거나 물살에 훼손되는 일이 없어야 한다는 것이었습니다.

다시 제기된 반론

하지만 2012년 파우스와 파디안의 주장을 반박하는 또 다른 연구가 발표되었습니다. 스위스 바젤대학교의 아킴 라이스도르프Achim Reisdorf와 독일 문화재총국의 미카엘 부트케Michael Wuttke 연구원은 후궁반장 자세가 파우스와 파디안의 주장대로 생물이 죽기 전에 일어난 발작증세가 아니라 죽고 난 이후 퇴적작용에서, 좀 더 정확히는 물에 떠다니면서 일어난 현상이라는 연구를 발표하였습니다.

그들은 독일 프란코니아Franconia 남부의 쥐라기에 형성된 졸렌호펜 석회암층(그 유명한 시조새의 화석이 후궁반장 자세로 발견된 지역입니다)에서 발견된 아주 작은 공룡인 콤프소그나투스 롱기페스Compsognathus longipes와 유라벤나토르 스타르키Juravenator starki의 화석을 조사했습니다. (덧붙이면 연구에 사용된 두 공룡의 표본은 모식표본이었다고 합니다. 모식표본은 어떤 분류군에 속한 생물의 기준이 되는 지표를 마련하는 표본으로, 쉽게 이야기해서 그 분류군의 기준이 되는 생물입니다. 연구에 활용된 콤프소그나투스의 화석은 무려 1859년부터 기존 연구에서 여러 번 사용된 기록이 있을 정도로 매우 오래전에 발견된 표본이었습니다. 유라벤나토르의 표본은 1998년에 발견되었습니다.) 이 두 표본 중에서 콤프소그나투스의 표본은 머리와 목, 꼬리가 휘어진 채로 보존된 전형적인 후궁반장 자세를 하고 있었습니다. 콤프소그나투스는 목이 'ㄷ'자 형태로 매우 크게 휘어져 있었고 꼬리 역시 거의 꺾여 있었죠. 반면 유라벤나토르의 경우에는 목이 측면으로 맞은 것처럼 휘어져 있었고, 꼬리도 'ㄷ'자 형태로 거의 꺾여 있었습니다.

그런데 이 두 표본이 발견된 지층의 퇴적환경이 재밌습니다. 이 두 표본이 발견된 곳은 과거에 해안가 근처 대략 20미터 정도의 얕은 석호환경(본래 바다였던 곳이 바다에서 밀려온 퇴적물로 인해 고립되어 호수가 된 환경. 우리나라에는 동해안의 화진포, 경포호 등이 있습니다)이었다고 합니다.

콤프소그나투스 화석이 발견된 퇴적층이 만들어진 환경인 석호는 20미터 정도의 얕은 석호였습니다. 이 정도 깊이에서는 해류의 영향이 해저 바닥까지 닿는다고 합니다. 게다가 기존 연구를 보면 퇴적층의 퇴적 속도는 1년에 0.0482~0.1387밀리미터씩 쌓이며, 따라서 화석이 발견된 퇴적층은 무려 25만 년에서 50만 년에 걸쳐서 형성된 것으로 보인다고 합니다.

한번 생각해보겠습니다. 파우스와 파디안은 화석이 후궁반장 자세로 발견되기 위해서는 빠른 퇴적 및 훼손 과정이 없어야 한다고 주장했습니다. 그런데 콤프소그나투스와 유라벤나토르의 화석이 발견된 퇴적층은 ① 형성 시간도 굉장히 길고, ② 물 흐름의 영향이 바닥까지 닿았다는 것을 보여줍니다. 따라서 파우스와 파디안이 제시한 조건인 빠른 퇴적 및 물 흐름의 영향을 받지 않는 환경이라 보기에는 무리가 있습니다.

이를 근거로 라이스도르프와 부트케는 파우스와 파디안이 제시한 주장을 반박하였습니다. 그렇다면 이들은 후궁반장 자세가 어떻게 발생한 것이라고 주장했을까요? 이들에 따르면 후궁반장 자세는 생물의 사체가 물속으로 가라앉으면서 생긴 것이었습니다. 콤프소그나투스의 화석이 발견된 퇴적층은 얕은 석호였습니다. 이곳에서 생물의 사체가 가라앉으면서 생물의 신체를 이루는 세포는 신체 내부에서 분비된 효소로 인해 분해되고(이를 자가분해 autolysis라고 합니다), 외부는 박테리아 등에 의해 분해가 이루어집니다. 이렇게 근육은 차츰 부패가 진행되고, 생물의 사체는 흐물흐물해집니다. 부패된 사체는 물속으로 가라앉고, 그 과정에서 머리와 꼬리가 휘어지면서 후궁반장 자세를 취하게 된다는 설명이었습니다. 간단하게 이야기하면 물위를 떠다니던 생물의 사체가 부패하면서 점차 물속으로 가라앉는 동안 흐물흐물해진 목과 꼬리는 등 쪽으로 휘어진다는 것입니다.

지금까지 후궁반장 자세라는 매우 특이한 자세가 왜 생겼는지를 설명하는 여러 연구결과를 살펴보았습니다. 많은 연구가 있었고, 수많은 반론이 제기되었으며, 새로운 실험을 통해 연구한 결과도 있었습니다. 언젠가 박물관에서 시조새나 다른 공룡이 머리를 등 쪽으로 휜 자세를 하고 있는 화석을 볼 기회가 생기면, 여기서 소개한 내용을 생각해보면서 과연 어떤 이유로 인해 생물이 그런 특이한 자세를 하고 있는 것인지 따져보는 건 어떨까요?

8. 우리나라에 공룡 발자국 화석이 많은 이유

펭귄각종과학관의 이정모 관장님의 저서 『과학책은 처음입니다만』을 보면 한 가지 재미있는 경험담이 나옵니다.

> 경남 고성군 바닷가에는 공룡 발자국 화석이 남아있다. 거대한 공룡 발자국을 따라 꼬마가 아빠 손을 잡고 도란도란 속삭이며 걷는다. 1억 년의 시차를 둔 산책. 아름답다. 그들과 몇 발자국 떨어져 걷는데 부자의 대화소리가 들린다.
> "아빠 공룡이 왜 이곳을 걸었을까요?" "물 마시러 왔겠지." "그렇구나. 그런데 아빠, 공룡은 바닷물을 먹었나요?"

생각하면 상당히 흥미롭고 재미있는 질문입니다. 과연 공룡은 실제로 바닷물을 마셨을까요?

여기서 우리는 두 가지 가능성을 생각할 수 있습니다. 첫째, 공룡은 신체가 특별해서 바닷물을 마셔도 아무 이상이 없었다. 둘째, 공룡이 살았던 시대에는 그 지역이 바닷가가 아니었다. 이 두 가지 가능성 중에서 답은 무엇일까요? 현재까지 지질학적 조사를 한 결과를 따르면 두 번째일 가능성이 높습니다. 아니, 가능성이 높은 것이 아니라 사실상 그게 옳다고 해야 더 정확할 것입니다. 이유가 뭘까요? 바로 과거 환경이 지질학적 특성상 오늘날과 매우 달랐기 때문입니다.

8-1 사도섬. 지금은 바다가 근처에 있는 섬이지만 이곳엔 많은 공룡 발자국 화석이 남아 있다. ⓒ 이수빈

공룡 발자국 화석산지의 과거 모습은 어땠을까

공룡 발자국 화석지에 가보신 분들이라면 이런 생각을 한번쯤 해보셨을 것입니다. '바위가 참 매끄럽네!' 혹은 '바위에 특이한 무늬가 있네? 물결 자국 같은 게 있어.' 이러한 특징들이 이야기하는 것은 한 가지입니다. 발자국 화석지 일대가 과거에는 아주 거대한 호수였다는 것입니다. 어떻게 호수였다는 것을 알 수 있을까요? 첫 번째 증거는 바위에서 보이는 퇴적 구조입니다. 우리나라 공룡 발자국 화석지, 가령 전라남도 해남군 우항리의 공룡 발자국 화석지나 경상남도 진주시의 공룡 발자국 화석지 등에서 공룡 발자국을 찾다보면 특이한 구조를 볼 수 있을 겁니다. 바위에 물결무늬가 있는 것을 볼 수 있지요. 물결무늬 외에도 마치 거북의 등껍질처럼 바위에서 갈라진 흔적을 볼 수 있습니다. 이 두 가지는 모두 공룡 발자국 화석산지가 과거에는 바닷가가 아니라 호숫가였다는 것을 보여주는 증거입니다.

물결무늬는 연흔ripple mark이라고 하는 구조인데, 물이 흐를 때 생기는 흔적입니다. 강이나 하천 등에서 흔히 보이는 구조이죠. (그 외에 사막에서도 연흔 구조가 보이는데, 이때는 물이 아닌 바람의 영향으로 생깁니다.) 거북의 등껍질처럼 갈라진 흔적은 건열mudcrack이라고 합니다. 건열은 호수나 강 등 물가에서 물이 급격히 마르면 땅이 갈라지게 되는데, 그 갈라진 흔적이 지금도 남아 있는 것이죠. 즉, 과

8-2 연흔이라고 불리는 퇴적층에서 보이는 물결무늬 ⓒ 이수빈

8-3 건열. 본래 물이 존재하는 환경에서 물이 바싹 마르면 땅이 갈라진다. ⓒ 이수빈

거 물이 흐르거나 물이 말라 바싹 건조된 흔적이 지금까지 고스란히 남아있기 때문에 물가였다는 것을 알 수 있습니다. 우리나라 발자국 화석지에서 발견되는 연흔은 좌우가 대칭적인 구조를 하고 있습니다. 이런 구조는 주로 호수에서 형성됩니다. 따라서 발자국 화석지는 과거 호수에서 형성된 것입니다. 즉, 공룡이 물을 마시러 왔을 것이란 아버지의 이야기가 맞는 셈이죠. 단지 그 물이 바닷물이 아닐뿐이고요.

왜 발자국 화석이 주로 발견되는가?

이런 의문을 가진 분들도 있을 듯합니다. '그렇다면 왜 뼈 화석보다는 발자국 화석이 주로 발견되는 것일까?' 여기에도 지질학적 이유가 있습니다. 개펄에 가 본 분들이라면 한번쯤은 개펄에 발이 빠지는 경험을 해보셨을 겁니다. (저도 어릴 때 진흙 깊숙한 곳에 발이 빠져서 운동화가 더러워진 일이 있습니다.) 왜 이런 일이 일어나는 걸까요? 이유는 간단합니다. 진흙이 매우 미세하고 작은 입자로 이루어져 있기 때문에, 발로 밟을 때 아주 미세한 부분까지 침투하기 때문이지요. 다시 말해 자갈로 이루어진 환경보다 진흙으로 이루어진 환경에서는 똑같은 생물이 발자국을 남겨도 더 뚜렷하게 남는 것입니다. 이런 일이 과거 공룡이 살았던 시대 공룡 발자국 화석산지에서도 비슷하게 일어났던 겁니다.

우리나라에 분포한 공룡 발자국 화석산지에서 발자국이 주로 발견되는 암석은 셰일이라는 암석입니다. 이 암석은 개펄처럼 축축한 진흙이 굳어져서 만들어지는 암석이지요. 셰일은 오랜 시간에 걸쳐서 진흙이 굳어지고 그 위에 새로운 진흙이 덮여 또 굳어지고 그 위에 새로운 진흙이 또 덮여 굳어져서 만들어지는 암석입니다. 셰일을 이루는 암석의 입자는 매우 곱고 미세한 진흙으로, 발자국이 뚜렷하게 남기 좋은 입자입니다.

따라서 공룡이 발자국을 남겼다면 그 발자국이 쉽게 지워지지 않았겠지요. 이런 이유로 우리나라의 공룡 발자국 화석산지에서는 발자국 화석이 매우 풍부하게 발견되는 것입니다. 즉, 진흙이 많은 평평한 호숫가에서 공룡이나 익룡이 발을 찍으면 매우 고운 입자로 이루어진 바닥에 발자국이 매우 뚜렷하게 남는 것입니다. 진흙 외에도 흙이나 모래로 만들어진 이암, 사암에서도 비슷한 이유로 발자국이 만들어져서 보존되기도 합니다

화산활동의 영향으로 구워진 돌

화석지가 호숫가 환경이라는 것을 우리는 암석 그리고 퇴적 흔적을 통해서 알 수 있습니다. 그런데 여기에 더해서 우리나라 공룡 발자국 화석지는 또 다른 지질활동의 영향을 받기도 하였습니다. 바로 화산활동입니다. 현재 우리나라에 화산은 북한의 백두산, 그

8-4 화순에서 발견된 공룡의 발자국 화석. 한국공룡연구센터 제공

리고 제주도의 한라산뿐이지만 공룡이 살던 시절에는 한반도에 화산활동이 많았습니다.

우리나라의 공룡 발자국 화석산지의 연대는 중생대 마지막 시기인 백악기인데요, 9천만 년 전부터 화산의 활동이 활발해지면서 그 흔적이 보입니다. 이 흔적이 활발히 보이는 발자국 화석산지는 해남군 우항리와 화순군 서유리에 분포해 있습니다. 우항리의 발자국 화석이 발견되는 지층인 우항리층의 암상, 그러니까 암석의 종류를 보면 화산재가 쌓여서 만들어진 응회암의 성분이 함유된 셰일, 사암이 발견된다고 합니다. 말하자면, 화산재가 섞인 진흙과 모래가 쌓여서 만들어진 지층이라는 것이죠. 서유리에 분포한 공룡 발자국 화석지의 경우에도 역시 암석에서 화산재 성분이 검출되기도 하였습니다.

이렇게 화산활동이 활발할 경우 암석 또한 그 영향을 받습니다. 뜨거운 화산재가 진흙이나 흙, 모래 위로 쏟아지면서 토양을 달굽니다. 마치 토기가 불속에서 구워지면서 딱딱해지는 것처럼, 토양 역시 뜨겁게 달궈지면서 단단해지는 것이죠. 이로 인해서 흙 위에 남겨진 발자국 역시 단단하게 구워지면서 잘 보존되는 것입니다. 말하자면 화산활동은 일종의 자연적인 대장간인 셈입니다. 이런 작용을 '혼펠스화'라고 합니다. 혼펠스화가 오래 지속되면 아예 암석의 성분이 변화하는데, 다행인 것은 우리나라의 발자국 화석지는 그 정도까지는 아니어서 공룡 발자국이 보존될 수 있었습니다. 덕분에 우리는 지금도 발자국 화석을 볼 수 있는 것이고요.

에필로그

지금 생각하면 어릴 적부터 고생물학을 좋아했던 것 같습니다. 비록 당시에는 고생물학이라는 학문을 잘 몰랐지만요. 돈을 잘 버는 학문도 취업을 하기 좋은 학문도 아니지만 고생물학은 저의 마음속에 항상 자리하고 있었습니다.

대학에서 화석을 공부하면서부터는 '고생물학을 다루는 책을 한 권 써보는 것'이 나름대로의 소소한 바람이었습니다. 학부생 때부터 품고 있던 이 바람은 학부를 졸업하고 7년이 지난 2024년이 되어 마침내 이루어지게 되었습니다. 바로 이 책입니다.

대학원 석사과정을 시작하고 두어 달이 지난 2020년 5월부터 개인 채널을 통해 고생물학 도서와 논문을 읽고 글을 작성하고, 정리하기 시작했습니다. 본래 책을 쓰려고 시작한 것은 아니었지만, 쓴 글들이 차곡차곡 쌓이면서 이렇게 책으로 탄생하게 되었습니다. 부디 여러 사람들에게 많이 읽히기를 바라는 마음입니다.

책을 쓰면서 제가 염두에 둔 것은 한 가지였습니다. '완벽하진 않더라도 기존 책에서 잘 다루지 않는 이야기를 써보자'는 생각이었습니다. 이를 위해 논문뿐만 아니라 웹사이트, 심지어 해외 유튜브 채널 등을 살펴보며 화석과 관련하여 우리나라에 잘 소개되지 않고 있는 주제나 이야깃거리가 뭐가 있을까 부지런히 찾아보았습니다. 선배 고생물학자들, 이를테면 현재 학계에서 계시는 학자들부터 지금보다 훨씬 이전 시대인 전근대 시대 학자들의 연구내용을 살펴보았습니다.

이런 과정에서 우리나라에 아직 소개되지 않은 흥미로운 이야깃거리가 매우 많다는 것을 느꼈습니다. 이를테면 발명가나 인체 해부 등으로 유명한 레오나르도 다빈치가 화석을 연구했다는 점, 해양 생물의 화석 중에는 아직도 정체를 알 수 없는 특이한 모습의 화석이 있다는 점, 누구나 알고 있는 고생물 삼엽충은 다리에 아가미가 있다는 점 등 우리나라에 제대로 소개되지 않은 흥미로운 이야기가 많았습니다. 이 책은 바로 이런 이야기를 다루고 있습니다.

이 책이 다른 훌륭한 연구자들이 쓴 책에 비해 모자라는 부분도 많을 것입니다. 하지만 이 책을 통해서 고생물학의 흥미진진한 뒷이야기를 한 사람의 독자에게라도 전달할 수 있다면 책을 쓴 보람이 있다고 생각합니다. 부디 책을 읽으신 모든 독자들에게 우리 인류가 살기 이전에 살았던 생물들에 대해서 하나라도 더 얻어갈 수 있는 기회가 되기를 작은 마음을 담아서 소망해봅니다.

이 책이 나오는 데 많은 분들이 도움을 주셨습니다. 먼저 과학 저술가로서의 길을 처음 걷기 시작하였을 때 여러 조언과 가르침을 주시고 책에 추천의 글을 써주신 존경하는 이은희 선생님께 감사드립니다. 아울러 책에 들어가는 사진을 구하는 데 도움을 주신 비타민상상력의 김진겸 대표님, 학부시절 지도교수님이셨던 전남대학교 한국공룡연구센터의 허민 교수님과 정종윤 형, 과학카페 쿠아Qua의 송정현 대표님, 동물자연대화방의 채유민 님, 책에 들어갈 사진을 흔쾌히 제공하고 제자의 책 쓰는 일을 응원해주셨으며 석사과정을 지도해주신 남기수 교수님, 원고를 읽어주시고 추천의 글을 써주신 과학책방 갈다의 이명현 대표님 그리고 저의 글쓰기를 격려해주신 펭귄각종과학관의 이정모 관장님께 감사드립니다. 또한 오랜 시간 여러 지원과 도움을 아끼지 않으시는 부모님과 항상 기도해준 해방촌의 자유마을교회Freedom Villeage Church 친구들, 고등학생 시절에 바쁘신 와중에도 글쓰기라는 것을 처음 가르쳐주신 고등학교 은사님, 그리고 심신이 지칠 때마다 항상 옆으로 다가와서 애교를 부리며 위로를 해준 두 강아지 북극이와 까실이에게도 감사드립니다.

그림 출처

1장 뼈 없는 동물의 화석

1-2 https://commons.wikimedia.org/wiki/File:Crab_larva_%28265_08%29.jpg

1-4 https://en.wikipedia.org/wiki/Callichimaera

1-5 https://commons.wikimedia.org/wiki/File:Potamon_fluviatile_lanfrancoi_Qabru_Bahrija_Malta.jpg

2-2 https://commons.wikimedia.org/wiki/File:Cyclus_americanus_34.JPG

2-3 https://en.wikipedia.org/wiki/Porcelain_crab

2-4 https://en.wikipedia.org/wiki/Paralomis

2-5 https://en.wikipedia.org/wiki/Lyreidus_tridentatus

3-2 https://en.wikipedia.org/wiki/Malacostraca

3-3 https://commons.wikimedia.org/wiki/File:%E2%80%A0Tyrannophontes_acanthocercus_Unt_Karbon_Bear_Gulch_Montana_USA_Ar886a.jpg

5-3 https://en.wikipedia.org/wiki/Trilobite

5-4 https://en.wikipedia.org/wiki/Olenoides

2장. 뼈 있는 동물의 화석

1-2 https://en.wikipedia.org/wiki/Borophagus_diversidens

2-2 https://en.wikipedia.org/wiki/Operculum_(fish)

2-3 https://commons.wikimedia.org/wiki/File:Alligator_Gar_10.JPG

4-2 https://en.wikipedia.org/wiki/Thylacosmilus(좌) https://en.wikipedia.org/wiki/Smilodon(우).

5-2 https://en.wikipedia.org/wiki/Populus

3장. 공룡과 화석

1-1 https://commons.wikimedia.org/wiki/File:Alaska_landscape_scene_7.jpg

1-2 https://commons.wikimedia.org/wiki/File:Prince_Creek_Formation_fauna.png

2-1 https://commons.wikimedia.org/wiki/File:Iguanodon_NT.jpg

2-2 https://en.wikipedia.org/wiki/Allosaurus#%22Big_Al%22_and_%22Big_Al_II%22

2-3 https://commons.wikimedia.org/wiki/File:Amurosaurus-v3.jpg

3-1 https://en.wikipedia.org/wiki/Cassowary

3-4 https://en.wikipedia.org/wiki/Pachycephalosaurus

3-5 https://en.wikipedia.org/wiki/Pachycephalosaurus

4-1 https://commons.wikimedia.org/wiki/File:Tyrannosaurus_peptides.jpg

4-2 https://en.wikipedia.org/wiki/Specimens_of_Tyrannosaurus#%22B-rex%22:_MOR_1125

4-3 https://commons.wikimedia.org/wiki/File:Map_of_North_America_with_the_Western_Interior_Seaway_during_the_Campanian_(Upper_Cretaceous).png

5-1 https://en.wikipedia.org/wiki/Scansoriopteryx#/media/File:Scansoriopteryx_heilmanni.jpg

5-2 https://commons.wikimedia.org/wiki/File:Yi_qi_restoration.jpg

5-3 https://en.wikipedia.org/wiki/Mononykus

5-4 https://commons.wikimedia.org/wiki/File:Caihong_juji.jpg

4장. 화석에 관한 몇 가지 이야기

3-2 https://en.wikipedia.org/wiki/Raptorex#/media/File:Raptorex_Head.jpg

3-3 https://commons.wikimedia.org/wiki/File:Ubirajara_jubatus_revised.png

참고문헌

1장 뼈 없는 동물의 화석

1. 게의 번성

https://en.wikipedia.org/wiki/Eocarcinus (Wikipedia- Eocarcinus)

Castro, P., Davie, P., Guinot, D., Schram, F., & von Vaupel Klein, C. (Eds.). (2015). Treatise on Zoology-Anatomy, Taxonomy, Biology. The Crustacea, Volume9 PartC (2vols): Brachyura. Brill.

Chablais, Jerome, Feldmann, Rodney M., Schweitzer, Carrie E. A new Triassic decapod, Platykotta akaina, from the Arabian shelf of the northern United Arab Emirates: earliest occurrence of the Anomura. Palaontologische Zeitschrift, 2011, vol. 85, p. 93-102 DOI : 10.1007/s12542-010-0080-y

Daniels, S. R., Phiri, E. E., Klaus, S., Albrecht, C., & Cumberlidge, N. (2015). Multilocus phylogeny of the Afrotropical freshwater crab fauna reveals historical drainage connectivity and transoceanic dispersal since the Eocene. *Systematic Biology*, 64(4), 549-567.

Feldmann, R. M., O'Connor, P. M., Stevens, N. J., Gottfried, M. D., Roberts, E. M., Ngasala, S., ... & Kapilima, S. (2007). A new freshwater crab (Decapoda: Brachyura: Potamonautidae) from the Paleogene of Tanzania, Africa. *Neues Jahrbuch fuer Geologie und Palaontologie*, 244, 71-78.

Förster, R., & Stinnesbeck, W. (1986). Der erste Nachweis eines brachyuren Krebses aus dem Lias (oberes Pliensbach) Mitteleuropas. Mitteilungen der Bayerischen Staatssammlung fur Palaontologie und Historische Geologie, 26, 25-31.

Haug, J. T., & Haug, C., (2014). Eoprosopon klugi (Brachyura)—the oldest unequivocal and most "primitive" crab reconsidered. *Palaeodiversity*, 7, 149-158.

Hyžný, M., (2020). A freshwater crab Potamon (Brachyura: Potamidae) from the middle Miocene Lake Bugojno (Gračanica, Bosnia and Herzegovina), with notes on potamid taphonomy. *Palaeobiodiversity and Palaeoenvironments*, 100(2), 577-583.

Klaus, S., Yeo, D. C., & Ahyong, S. T., (2011). Freshwater crab origins—laying Gondwana to rest. *Zoologischer Anzeiger-A Journal of Comparative Zoology*, 250(4), 449-456.

Klaus, S., Singh, B., Hartmann, L., Krishan, K., Ghosh, A., & Patnaik, R., (2017). A fossil freshwater crab from the Pliocene Tatrot Formation (Siwalik Group) in Northern India (Crustacea, Brachyura, Potamidae). *Palaeoworld*, 26(3), 566-571.

Luque, J., Feldmann, R. M., Vernygora, O., Schweitzer, C. E., Cameron, C. B., Kerr, K. A., ... & Jaramillo, C., (2019). Exceptional preservation of mid-Cretaceous marine arthropods and the evolution of novel forms via heterochrony. *Science Advances*, 5(4), eaav3875.

McLeay, L., Doubell, M., Roberts, S., Dixon, C., Andreacchio, L., James, C., ... & Middleton, J., (2015). Prawn and crab harvest optimisation: a bio-physical management tool. South Australian Research and Development Institute (Aquatic Sciences), West Beach.

Porter, M. L., Pérez-Losada, M., & Crandall, K. A., (2005). Model-based multi-locus estimation of decapod phylogeny and divergence times. *Molecular phylogenetics and evolution*, 37(2), 355-369.

Schweitzer, C. E., & Feldmann, R. M., (2010). The oldest Brachyura (Decapoda: Homolodromioidea: Glaessneropsoidea) known to date (Jurassic). *Journal of Crustacean Biology*, 30(2), 251-256.

Tsang, L. M., Schubart, C. D., Ahyong, S. T., Lai, J. C., Au, E. Y., Chan, T. Y., ... & Chu, K. H., (2014). Evolutionary history of true crabs (Crustacea: Decapoda: Brachyura) and the origin of freshwater crabs. *Molecular Biology and Evolution*, 31(5), 1173-1187.

Von Volker, J. S., Einmal Miozän und zurück-Zeitreise am Maurerkopf bei Edelbeuren.

2. 게라고? 난 게가 아니야!

https://www.youtube.com/watch?v=wvfR3XLXPvw&t=51s (PBS Eon- Why Do Things Keep Evolving Into Crabs?)

https://youtu.be/uOK5J_M6kow (과학드림: 게도 아닌 게, 게같이 진화한 이유!(ft.킹크랩은 게가 아니다)

Borradaile, L. A. (1916). *Crustacea* (Vol. 1). British Museum.

Fraaije, R. H., Schram, F. R., & Vonk, R. (2003). Maastrichtiocaris rostratus new genus and species, the first Cretaceous cycloid. *Journal of Paleontology*, 77(2), 386-388.

Feldmann, R. M. (1998). Paralomis debodeorum, a new species of decapod crustacean from the Miocene of New Zealand: first notice of the Lithodidae in the fossil record. *New Zealand Journal of Geology and Geophysics*, 41(1), 35-38.

Robins, C. M., & Klompmaker, A. A. (2019). Extreme diversity and parasitism of Late Jurassic squat lobsters (Decapoda: Galatheoidea) and the oldest records of porcellanids and galatheids. *Zoological Journal of the Linnean Society*, 187(4), 1131-1154.

Schram, F. R., Vonk, R., & Hof, C. H. (1997). Mazon Creek Cycloidea. *Journal of Paleontology*, 261-284.

3. 갯가재는 가재가 아니다

https://en.wikipedia.org/wiki/Decapoda

https://en.wikipedia.org/wiki/Malacostraca

Bracken-Grissom, H. D., Ahyong, S. T., Wilkinson, R. D., Feldmann, R. M., Schweitzer, C. E., Breinholt, J. W., ... & Crandall, K. A., (2014). The emergence of lobsters: phylogenetic relationships, morphological evolution and divergence time comparisons of an ancient group (Decapoda: Achelata, Astacidea, Glypheidea, Polychelida). *Systematic Biology*, 63(4), 457-479.

Haug, J. T., Haug, C., & Ehrlich, M., (2008). First fossil stomatopod larva (Arthropoda: Crustacea) and a new way of documenting Solnhofen fossils (Upper Jurassic, Southern Germany). *Palaeodiversity*, 1, 103-109.

Haug, C., Haug, J. T., & Waloszek, D., (2009). Morphology and ontogeny of the Upper Jurassic mantis shrimp Spinosculda ehrlichi n. gen. n. sp. from southern Germany. *Palaeodiversity*, 2, 111-118.

Haug, C., & Haug, J. T., (2021). A new fossil mantis shrimp and the convergent evolution of a lobster-like morphotype. *PeerJ*, 9, e11124.

Schram, F. R., (1969). Some Middle Pennsylvanian Hoplocarida and their phylogenetic significance. Fieldiana: *Geology*, 12, 235-289.

Schram, F. R., (1984). Upper Pennsylvanian arthropods from black shales of Iowa and Nebraska. *Journal of Paleontology*, 197-209.

Schram, F. R., (2007). Paleozoic proto-mantis shrimp revisited. *Journal of Paleontology*, 81(5), 895-916.

Van Der Wal, C., Ahyong, S. T., Ho, S. Y., & Lo, N., (2017). The evolutionary history of Stomatopoda (Crustacea: Malacostraca) inferred from molecular data. *PeerJ*, 5, e3844.

Yun, H., (1985). Some fossil Squillidae (Stomatopoda) from the Pohang Tertiary Basin, Korea. *Journal of the Paleontological Society of Korea*, 1(1), 19-31.

4. 개형충의 사랑

Wang, He, et al., (2020) "Exceptional preservation of reproductive organs and giant sperm in Cretaceous ostracods." *Proceedings of the Royal Society B* 287.1935: 20201661.

5. 삼엽충의 눈과 다리

Hou, J. B., Hughes, N. C., & Hopkins, M. J., (2021). The trilobite upper limb branch is a well-developed gill. *Science Advances*, 7(14), eabe7377.

Schoenemann, B., (2021). An overview on trilobite eyes and their functioning. *Arthropod Structure & Development*, 61 , 101032.

Schoenemann, B., & Clarkson, E. N., (2020). Insights into a 429-million-year-old compound eye. Scientific Reports, 10(1), 1-8.

Schoenemann, B., & Clarkson, E. N. (2023). The median eyes of trilobites. *Scientific Reports*, 13(1), 3917.

6. 5억 년 전의 미스터리

https://youtu.be/Pz1fccY3S84 (PBS Eons: Something Has Been Making This Mark For 500 Million Years)

https://www.dongascience.com/news.php?idx=5751 (《동아사이언스》, "과학은 길고 인생은 짧다"[1회])

Baucon, A., (2010). Da Vinci's Paleodictyon: the fractal beauty of traces. *Acta Geologica Polonica*, 60(1), 3-17.

Baucon, A., (2010). Leonardo da Vinci, the founding father of ichnology. *Palaios*, 25(6), 361-367.

Kikuchi, K., (2018). The occurrence of Paleodictyon in shallow-marine deposits of the Upper Cretaceous Mikasa Formation, Hokkaido Island, northern Japan: Implications for spatiotemporal variation of the Nereites ichnofacies. *Palaeogeography, Palaeoclimatology, Palaeoecology*, 503, 81-89.

Malekzadeh, M., & Wetzel, A., (2020). Paleodictyon in shallow-marine settings—an evaluation based on eocene examples from Iran. *Palaios*, 35(9), 377-390.

Rona, P. A., Seilacher, A., de Vargas, C., Gooday, A. J., Bernhard, J. M., Bowser, S., ... & Lutz, R. A., (2009). Paleodictyon nodosum: A living fossil on the deep-sea floor. *Deep Sea Research Part II: Topical Studies in Oceanography*, 56(19-20), 1700-1712.

Wetzel, A., (2000). Giant Paleodictyon in Eocene flysch. *Palaeogeography, Palaeoclimatology, Palaeoecology*, 160(3-4), 171-178.

7. 곤충화석에서 보이는 식물의 흔적

Bao, T., Wang, B., Li, J., & Dilcher, D. (2019). Pollination of Cretaceous flowers. *Proceedings of the National Academy of Sciences*, 116(49), 24707-24711.

Khramov, A. V., Foraponova, T., & Węgierek, P. (2023). The earliest pollen-loaded insects from the Lower Permian of Russia. *Biology Letters*, 19(3), 20220523.

Sonja Wedmann, Thomas Hörnschemeyer, Michael S. Engel, Reinhard Zetter, Friðgeir Grímsson, 2021 The last meal of an Eocene pollen-feeding fly, *Current Biology*, ISSN 0960-9822, doi.org/10.1016/j.cub.2021.02.025.

8. 깃털을 먹었던 곤충

https://ko.wikipedia.org/wiki/%EA%B3%B5%EC%83%9D

https://www.differencebetween.com/difference-between-alpha-keratin-and-beta-keratin/#Alpha%20Keratin

https://phys.org/news/2023-04-fossils-reveal-long-term-relationship-feathered.html?fbclid=IwAR1_d9LIEddeUo3TyrcMsXOpn5K33WydMG9kWu1KthBCkneZDOUvN9cqzOM (PHYS ORG - Fossils reveal the long-term relationship between feathered dinosaurs and feather-feeding beetles.)

Gao, T., Yin, X., Shih, C., Rasnitsyn, A. P., Xu, X., Chen, S., ... & Ren, D. (2019). New insects feeding on dinosaur feathers in mid-Cretaceous amber. *Nature Communications*,

10(1), 5424.

Grimaldi, D. A., & Vea, I. M. (2021). Insects with 100 million-year-old dinosaur feathers are not ectoparasites. *Nature Communications*, 12(1), 1469.

Mitchell, J. C., Groves, J. D., & Walls, S. C. (2006). Keratophagy in reptiles: review, hypotheses, and recommendations. *South American Journal of Herpetology*, 1(1), 42-53.

Shcherbakov, D. E. (2022). Crawlers of the Scale Insect Mesophthirus (Homoptera: Xylococcidae) on Feathers in Burmese Amber—Wind Transport or Phoresy on Dinosaurs?. *Paleontological Journal*, 56(3), 338-348.

Peñalver E, Peris D, Álvarez-Parra S, Grimaldi DA, Arillo A, Chiappe L, Delclòs X, Alcalá L, Sanz JL, Solórzano-Kraemer MM, Pérez-de la Fuente R. Symbiosis between Cretaceous dinosaurs and feather-feeding beetles. *Proc Natl Acad Sci USA*. 2023 Apr 25;120(17):e2217872120. doi: 10.1073/pnas.2217872120. Epub 2023 Apr 17. PMID: 37068225.

2장. 뼈 있는 동물의 화석

1. 대변에서 발견한 과거

Chin, K., Feldmann, R. M., & Tashman, J. N. (2017). Consumption of crustaceans by megaherbivorous dinosaurs: dietary flexibility and dinosaur life history strategies. *Scientific reports*, 7(1), 1-11.

Wang, X., White, S. C., Balisi, M., Biewer, J., Sankey, J., Garber, D., & Tseng, Z. J. (2018). First bone-cracking dog coprolites provide new insight into bone consumption in Borophagus and their unique ecological niche. *Elife*, 7, e34773.

2. 물에서 살았던 모든 육상동물의 공통 조상

Coyne, J. A. (2010). *Why evolution is true*. Oxford University Press.

Daeschler, E. B., Shubin, N. H., & Jenkins, F. A. (2006). A Devonian tetrapod-like fish and the evolution of the tetrapod body plan. *Nature*, 440 (7085), 757-763.

Shubin, N. H., Daeschler, E. B., & Jenkins, F. A. (2006). The pectoral fin of Tiktaalik roseae and the origin of the tetrapod limb. *Nature*, 440 (7085), 764-771.

Shubin, N. (2008). *Your inner fish: a journey into the 3.5-billion-year history of the human body*. Vintage.

Shubin, N. H., Daeschler, E. B., &Jenkins, F. A. (2014). Pelvic girdle and fin of Tiktaalik roseae. *Proceedings of the National Academy of Sciences*, 111(3), 893-899.

Stewart, T. A., Lemberg, J. B., Hillan, E., Magallanes, I., Daeschler, E. B., & Shubin, N. H. (2023). Axial regionalization in Tiktaalik roseaeand the origin of quadrupedal locomotion.

Hohn-Schulte, B., Preuschoft, H., Witzel, U., &Distler-Hoffmann, C. (2013). Biomechanics and functional preconditions for terrestrial lifestyle in basal tetrapods, with special consideration of Tiktaalik roseae. *Historical Biology*, 25(2), 167-181.

Lemberg, J. B., Daeschler, E. B., &Shubin, N. H. (2021). The feeding system of Tiktaalik roseae: an intermediate between suction feeding and biting. *Proceedings of the National Academy of Sciences*, 118(7).

3. 익룡은 어떻게 하늘을 날았을까?

http://markwitton-com.blogspot.com/2018/05/why-we-think-giant-pterosaurs-could-fly.html (Mark P. Witton's blog- Why we think giant pterosaurs could fly)

Bonde, N., & Christiansen, P. (2003). The detailed anatomy of Rhamphorhynchus: axial pneumaticity and its implications. Geological Society, London, Special Publications, 217(1), 217-232.

Naish, D., Witton, M. P., & Martin-Silverstone, E. (2021). Powered flight in hatchling pterosaurs: evidence from wing form and bone strength. *Scientific Reports*, 11(1), 1-15.

Witton, Mark P.. *Pterosaurs: Natural History, Evolution, Anatomy*, Princeton: Princeton University Press, 2013. https://doi.org/10.1515/9781400847655

Witton, M. P., & Habib, M. B. (2010). On the size and flight diversity of giant pterosaurs, the use of birds as pterosaur analogues and comments on pterosaur flightlessness. *PloS one*, 5(11), e13982.

4. 검치호의 이빨, 그 용도는?

Brown, J. G. (2014). Jaw function in Smilodon fatalis: a reevaluation of the canine shear-bite and a proposal for a new forelimb-powered class 1 lever model. *PloS one*, 9(10), e107456.

Lautenschlager, S., Figueirido, B., Cashmore, D. D., Bendel, E. M., &Stubbs, T. L. (2020). Morphological convergence obscures functional diversity in sabre-toothed carnivores. *Proceedings of the Royal Society B*, 287 (1935), 20201818.

Janis, C. M., Figueirido, B., DeSantis, L., &Lautenschlager, S. (2020). An eye for a tooth: Thylacosmilus was not a marsupial "saber-tooth predator. *PeerJ*, 8, e9346.

5. 치석으로 보는 과거 인류

https://youtu.be/T5yHHZMn8ko (PBS Eon: The 40 Million-Year-Old Ecosystem In Your Mouth)

Henry, A. G., Brooks, A. S., & Piperno, D. R. (2011). Microfossils in calculus demonstrate consumption of plants and cooked foods in Neanderthal diets (Shanidar III, Iraq; Spy I and II, Belgium). *Proceedings of the National Academy of Sciences*, 108 (2), 486-491.

Weyrich, L. S., Duchene, S., Soubrier, J., Arriola, L., Llamas, B., Breen, J., ... & Cooper, A. (2017). Neanderthal behaviour, diet, and disease inferred from ancient DNA in dental calculus. *Nature*, 544 (7650), 357-361

6. 기괴함에서 망치로

https://www.sci.news/paleontology/science-atopodentatus-unicus-new-fossil-reptilechina-01768.html (Sci News: Atopodentatus unicus: Bizarre New Fossil Reptile Discovered in China)

https://www.ndtv.com/world-news/meet-the-worlds-first-plant-eating-marine-reptile-1404227 (NDTV: Meet The World's First Plant-Eating Marine Reptile)

https://www.nationalgeographic.com/science/article/atopodentatus-will-blow-your-mind (National Geographic: Atopodentatus Will Blow Your Mind)

Cheng, L., Chen, X. H., Shang, Q. H., & Wu, X. C., (2014). A new marine reptile from the Triassic of China, with a highly specialized feeding adaptation. *Naturwissenschaften*, 101, 251-259.

Chun, L., Rieppel, O., Long, C., & Fraser, N. C., (2016). The earliest herbivorous marine reptile and its remarkable jaw apparatus. *Science Advances*, 2(5), e1501659.

7. 포유류의 입천장, 파충류의 입천장

https://en.wikipedia.org/wiki/Secondary_palate

https://en.wikipedia.org/wiki/Secondary_palate_development

Bonnan, M. F. (2016). *The bare bones: An unconventional evolutionary history of the skeleton*. Indiana University Press.

Kemp, T. S. (2005). *The origin and evolution of mammals*. Oxford University Press on Demand.

Maier, W., Van den Heever, J., & Durand, F. (1996). New therapsid specimens and the origin of the secondary hard and soft palate of mammals. *Journal of Zoological Systematics and Evolutionary Research*, 34(1), 9-19.

Prothero, D. R. (2007). *Evolution: what the fossils say and why it matters*. Columbia University Press.

3장. 공룡과 화석

1. 공룡 시대의 알래스카

https://en.wikipedia.org/wiki/Paleontology_in_Alaska#cite_note-alaska-paleoportal-general-1 (Wikipedia- Paleontology in Alaska)

https://en.wikipedia.org/wiki/Geology_of_Alaska (Wikipedia- Geology of Alaska)

https://en.wikipedia.org/wiki/List_of_fossiliferous_stratigraphic_units_in_Alaska(Wikipedia- List of fossiliferous stratigraphic units in Alaska)

https://en.wikipedia.org/wiki/Prince_Creek_Formation#Plants(Wikipedia- Prince Creek Formation)

Druckenmiller, P. S., Kelley, N., Whalen, M. T., Mcroberts, C., & Carter, J. G. (2014). An Upper Triassic (Norian) ichthyosaur (Reptilia, Ichthyopterygia) from northern Alaska and dietary insight based on gut contents. *Journal of Vertebrate Paleontology*, 34 (6), 1460-1465.

Druckenmiller, P. S., & Maxwell, E. E. (2014). A Middle Jurassic (Bajocian) ophthalmosaurid (Reptilia, Ichthyosauria) from the Tuxedni Formation, Alaska and the early diversification of the clade. *Geological Magazine*, 151(1), 41-48.

Druckenmiller, P. S., Erickson, G. M., Brinkman, D., Brown, C. M., & Eberle, J. J. (2021). Nesting at extreme polar latitudes by non-avian dinosaurs. *Current Biology*.

Fiorillo, A. R., Kobayashi, Y., McCarthy, P. J., Tanaka, T., Tykoski, R. S., Lee, Y. N., ... & Yoshida, J. (2019). Dinosaur ichnology and sedimentology of the Chignik Formation (Upper Cretaceous), Aniakchak National Monument, southwestern Alaska; Further insights on habitat preferences of high-latitude hadrosaurs. *Plos one*, 14 (10), e0223471.

Herman, A. B., Spicer, R. A., & Spicer, T. E. (2016). Environmental constraints on terrestrial vertebrate behaviour and reproduction in the high Arctic of the Late Cretaceous. Palaeogeography, Palaeoclimatology, *Palaeoecology*, 441, 317-338.

Hoare, J. M., & Coonrad, W. L. (1983). Graywacke of Buchia Ridge and correlative Lower Cretaceous rocks in the Goodnews Bay and Bethel quadrangles, southwestern Alaska (No. 1529). US Department of the Interior, *Geological Survey*.

Salazar Jaramillo, S. (2014). Paleoclimate and paleoenvironment of the Prince Creek and Cantwell formations, Alaska: terrestrial evidence of middle Maastrichtian greenhouse event (Doctoral dissertation).

2. 질병에 걸리거나 부상당한 공룡들

Filippo Bertozzo, Ivan Bolotsky, Yuri L. Bolotsky, Alexey Poberezhskiy, Alastair Ruffell, Pascal Godefroit & Eileen Murphy (2022) A pathological ulna of Amurosaurus riabinini from the Upper Cretaceous of Far Eastern Russia, Historical Biology, DOI: 10.1080/08912963.2022.2034805

Illies, M. M. C., & Fowler, D. W. (2020). Triceratops with a kink: Co-ossification of five distal caudal vertebrae from the Hell Creek Formation of North Dakota. *Cretaceous Research*, 108, 104355.

Laws, R. R. (1996). Paleopathological analysis of a sub-adult Allosaurus fragilis (MOR 693) from the Upper Jurassic Morrison Formation with multiple injuries and infections (Doctoral dissertation, Montana State University-Bozeman, College of Letters & Science).

Rothschild, B. M. (1990). Radiologic assessment of osteoarthritis in dinosaurs. *Annals of Carnegie Museum*, 49, 295-301.

Rothschild, B. M., Tanke, D., Ruhli, F., Pokhojaev, A., & May, H. (2020). Suggested case of Langerhans cell Histiocytosis in a cretaceous dinosaur. *Scientific reports*, 10(1), 1-10.

Rothschild, B. M., Tanke, D., & Carpenter, K. (1997). Tyrannosaurs suffered from gout. Nature, 387 (6631), 357-357.

Wolff, E. D., Salisbury, S. W., Horner, J. R., & Varricchio, D. J. (2009). Common avian infection plagued the tyrant dinosaurs. *PLoS One*, 4(9), e7288.

3. 부모와 붕어빵? 어림없는 소리!

Bakker, R. T., & Williams, M. (1988). Nanotyrannus, a new genus of pygmy tyrannosaur, from the latest Cretaceous of Montana. *Hunteria*, 1(5), 1.

Carr, T. D. (1999). Craniofacial ontogeny in tyrannosauridae (Dinosauria, Coelurosauria). *Journal of vertebrate Paleontology*, 19(3), 497-520.

Gilmore, C. W. (1946). New carnivorous dinosaur from the Lance formation of Montana. Smithsonian Miscellaneous Collections. Goodwin, M. B., & Evans, D. C. (2016). The early expression of squamosal horns and parietal ornamentation confirmed by new end-stage juvenile Pachycephalosaurus fossils from the Upper Cretaceous Hell Creek Formation, Montana. *Journal of Vertebrate Paleontology*, 36(2), e1078343.

Horner, J. R., & Goodwin, M. B. (2006). Major cranial changes during Triceratops ontogeny. *Proceedings of the Royal Society B: Biological Sciences*, 273(1602), 2757-2761.

Horner, J. R., & Goodwin, M. B. (2009). Extreme cranial ontogeny in the Upper Cretaceous dinosaur Pachycephalosaurus. *PLoS One*, 4(10), e7626.

Woodward, H. N., Tremaine, K., Williams, S. A., Zanno, L. E., Horner, J. R., & Myhrvold, N. (2020). Growing up Tyrannosaurus rex: Osteohistology refutes the pygmy "Nanotyrannus" and supports ontogenetic niche partitioning in juvenile Tyrannosaurus. *Science advances*, 6(1), eaax6250.

4. 연부조직이 보존된 화석

Schweitzer, M. H., Wittmeyer, J. L., &Horner, J. R., (2005). Gender-specific reproductive tissue in ratites and *Tyrannosaurus rex*. *Science*, 308 (5727), 1456-1460.

Schweitzer, M. H., Zheng, W., Organ, C. L., Avci, R., Suo, Z., Freimark, L. M., ... & Asara, J. M., (2009). Biomolecular characterization and protein sequences of the Campanian hadrosaur B. canadensis. *science*, 324(5927), 626-631.

Schroeter, E. R., DeHart, C. J., Cleland, T. P., Zheng, W., Thomas, P. M., Kelleher, N. L., ... & Schweitzer, M. H., (2017). Expansion for the *Brachylophosaurus canadensis* collagen I sequence and additional evidence of the preservation of Cretaceous protein. *Journal of Proteome Research*, 16(2), 920-932.

Ullmann, P.V., Macauley. K., Ash, R.D., Shoup, B., Scannella, J.B., (2021). Taphonomic and Diagenetic Pathways to Protein Preservation, Part I: The Case of *Tyrannosaurus rex* Specimen MOR 1125. *Biology*; 10(11):1193. https://doi.org/10.3390/biology10111193

Ullmann, P. V., Ash, R. D., & Scannella, J. B., (2022). Taphonomic and diagenetic pathways to protein preservation, Part II: the case of *Brachylophosaurus canadensis* Specimen MOR 2598. *Biology*, 11(8), 1177.

5. 편견을 깨는 공룡의 모습

Altangerel, P., Norell, M. A., Chiappe, L. M., & Clark, J. M., (1993). Flightless bird from the Cretaceous of Mongolia? *Nature*, 362(6421), 623-626.

Czerkas, S. A., & Yuan, C. H. O. N. G. X. I., (2002). An arboreal maniraptoran from northeast China? *The Dinosaur Museum Journal*,1, 63-95.

Dececchi, T. A., Roy, A., Pittman, M., Kaye, T. G., Xu, X., Habib, M. B., ... & Zheng, X., (2020). Aerodynamics Show Membrane-Winged Theropods Were a Poor Gliding Dead-end? *Iscience*, 23(12), 101574.

Funston, G. F., Chinzorig, T., Tsogtbaatar, K., Kobayashi, Y., Sullivan, C., & Currie, P. J., (2020). A new two-fingered dinosaur sheds light on the radiation of Oviraptorosauria? *Royal Society Open Science*, 7(10), 201184.

Hu, D., Clarke, J. A., Eliason, C. M., Qiu, R., Li, Q., Shawkey, M. D., ... & Xu, X., (2018). A bony-crested Jurassic dinosaur with evidence of iridescent plumage highlights complexity in early paravian evolution? *Nature Communications*, 9(1), 1-12.

Xu, X., Zheng, X., Sullivan, C., Wang, X., Xing, L., Wang, Y., ... & Pan, Y., (2015). A bizarre Jurassic maniraptoran theropod with preserved evidence of membranous wings? *Nature*, 521(7550), 70-73.

4장. 화석에 관한 몇 가지 이야기

1. 서울에서 공룡화석이 발견되지 않는 이유

최덕근, 『한반도 형성사』, 서울대학교출판문화원, 2014

이융남, 김복철, 이윤수, 기원서, "경기도 화성시 남양분지에서 발견된 새로운 공룡알 화석산지", 고생물학회지, 23(1), 15-26, 2007

Lee, Y. N., Ryan, M. J., & Kobayashi, Y. (2011). The first ceratopsian dinosaur from South Korea. Naturwissenschaften, 98, 39-49

2. 공룡알과 결핵체

https://www.law.go.kr/%EB%B2%95%EB%A0%B9/%EB%A7%A4%EC%9E%A5%EB%AC%B8%ED%99%94%EC%9E%AC%EB%B3%B4%ED%98%B8%EB%B0%8F%EC%A1%B0%EC%82%AC%EC%97%90%EA%B4%80%ED%95%9C%EB%B2%95%EB%A5%A0

국가법령정보센터, 매장문화재 보호 및 조사에 관한 법률

이융남, 『공룡알』, 한국고생물학회 단행본, 285-294, 2004

3. 화석과 법, 윤리

https://www.bbc.com/news/world-us-canada-27691816 (bbc News- US fossils dealer jailed for dinosaur smuggling)

https://www.hani.co.kr/arti/animalpeople/ecology_evolution/1009869.html?fbclid=IwAR1N2HeyEyZCtglHVE4fjef1jKNaW-_V45PSOn1Nhp_GgA8Kb_Rpn6fy96I(한겨레- 머리의 5배 크기 볏을 달았던 익룡…밀수품 압수로 되살아나)

https://www.hankookilbo.com/News/Read/A2021052520580005380?fbclid=IwAR2Nyq4XsxyBVuOLLx0Me11YLjqqeXVbmigDHe8qxciTS-CMrmSpm_XDy7(한국일보- 불법 도굴된 몽골 공룡 화석 돌려준 한국)

https://www.lodivalleynews.com/ubirajara-the-brazilian-dinosaur-controversy-trapped-in-a-german-museum/(Lodi Valley News- Ubirajara: The Brazilian Dinosaur Controversy Trapped in a German Museum)

https://www1.folha.uol.com.br/internacional/en/world/2021/09/german-museumrefuses-to-return-dinosaur-fossil-taken-irregularly-from-brazil.shtml(Folha de S. Paulo- German Museum Refuses to Return Dinosaur Fossil Taken Irregularly from Brazil)

https://www.nytimes.com/2020/03/11/science/amber-myanmar-paleontologists.html(The New York Times- Some Paleontologists Seek Halt to Myanmar Amber Fossil Research)

https://asia.nikkei.com/Location/Southeast-Asia/Myanmar-amber-traps-scientists-in-ethical-dilemma-over-funding-war(Nikkei Asia- Myanmar amber traps scientists in ethical dilemma over funding war)

Beccari, V., Pinheiro, F. L., Nunes, I., Anelli, L. E., Mateus, O., & Costa, F. R. (2021). Osteology of an exceptionally well-preserved tapejarid skeleton from Brazil: Revealing the anatomy of a curious pterodactyloid clade. *PloS one*, 16(8), e0254789.

Fowler, D. W., Woodward, H. N., Freedman, E. A., Larson, P. L., & Horner, J. R. (2011). Reanalysis of "Raptorex kriegsteini": a juvenile tyrannosaurid dinosaur from Mongolia. *PLoS One*, 6(6), e21376.

Sereno, P. C., Tan, L., Brusatte, S. L., Kriegstein, H. J., Zhao, X., & Cloward, K. (2009). Tyrannosaurid skeletal design first evolved at small body size. *Science*, 326(5951), 418-422.

Smyth, R. S., Martill, D. M., Frey, E., Rivera-Sylva, H. E., & Lenz, N. (2020). A maned theropod dinosaur from Gondwana with elaborate integumentary structures. *Cretaceous Research*, 104686.

Xing, L., McKellar, R. C., Xu, X., Li, G., Bai, M., Persons IV, W. S., ... & Currie, P. J. (2016). A feathered dinosaur tail with primitive plumage trapped in mid-Cretaceous amber. *Current Biology*, 26(24), 3352-3360.

4. 고생물 복원에 대하여

http://www.iea.usp.br/en/news/when-a-day-lasted-only-four-hours(Institute of Advanced Studies of the University of Sao Paulo- When a day lasted only 4 hours)

https://www.sciencetimes.co.kr/news/%EB%85%B8%EB%B2%A8-%EC%83%9D%EB%A6%AC%C2%B7%EC%9D%98%ED%95%99%EC%83%81-24%EC%8B%9C%EA%B0%84-%EC%83%9D%EC%B2%B4%EC%8B%9C%EA%B3%84-%EB%B9%84%EB%B0%80-%EC%97%B0%EA%B5%AC/ (《사이언스 타임스》, 노벨 생리·의학상, '24시간 생체시계' 비밀 연구)

https://www.dongascience.com/news.php?idx=23093(《동아사이언스》, [강석기의 과학카페] 코알라는 어떻게 유칼립투스 잎만 먹고 살까)

https://www.nationalgeographic.com/science/article/carboniferous (National Geographic- Carboniferous Period)

https://www.sedaily.com/NewsVIew/1ONHKHSWO8

(서울경제- Q : 채식만 하는 초식동물은 어디서 지방이 생길까?)

Kutschera, U., & Niklas, K. J. (2013). Metabolic scaling theory in plant biology and the three oxygen paradoxa of aerobic life. *Theory in Biosciences*, 132(4), 277-288.

5. 바보들의 황금과 화석이 걸리는 질병

https://nature.ca/en/pyrite-disease/ (Canadian Museum of Nature: Pyrite Disease)

https://en.wikipedia.org/wiki/Pyrite

Canadian Museum of Nature: Pyrite Disease: Keeping Fool's Gold Challenges Museums. https://youtu.be/TUXQ1dOOPoI?si=YBfUNvqbVDl_cMEd

Masukawa, G., Tukunosuke., (2023). *Dinopedia*. Seibundo Shinkosha, 254pp.

Tacker, R. C., (2020). A review of "pyrite disease" for paleontologists, with potential focused interventions. *Palaeontologia Electronica*, 23(3), 1-24

6. 대멸종과 스쿱

https://m.dongascience.com/news.php?idx=57449&fbclid=IwAR2dgx0CKwASqatXUCQzFhCPx_65KMa0V5BkGChaJfDfKEbeAJWbrQnftn0. (《동아사이언스》, "공룡 멸종 소행성 논문 조작됐다"…고생물학계 스캔들)

Science daily: Dinosaurs' last spring: Study pinpoints timing of Chicxulub asteroid impact. https://www.sciencedaily.com/releases/2021/12/211210103157.htm

https://www.science.org/content/article/paleontologist-accused-faking-data-dino-killing-asteroid-paper?fbclid=IwAR0iPln-LiJed4qqCyJNNHRYmt94Jmpita38V5_0LG_woVsWWD_cq6A8o7I

https://blog.naver.com/rofes11/222993048595. (로페스. 공룡을 위한 나라는 없다: 공룡들이 죽어간 날, 데이터 조작, 고생물학 식민주의, 그리고 과학 커뮤니케이션)

During, M. A., Smit, J., Voeten, D. F., Berruyer, C., Tafforeau, P., Sanchez, S., ... & van der Lubbe, J. H., (2022). The Mesozoic terminated in boreal spring. *Nature*, 603(7899), 91-94.

DePalma, R. A., Oleinik, A. A., Gurche, L. P., Burnham, D. A., Klingler, J. J., McKinney, C. J., ... & Manning, P. L., (2021). Seasonal calibration of the end-cretaceous Chicxulub impact event. *Scientific reports*, 11(1), 23704.

7. 화석은 왜 특이한 자세로 발견될까?

Davis, P. G., (1996) The taphonomy of Archaeopteryx. Bull Natl Sci Mus 22C:91–106

Dean, B., (1919) Dr. Moodies opisthotonus. Sci NS 50(1290):357

de Buisonjé, P. H., (1985) Climatological conditions during deposition of the Solnhofen limestones. In: Hecht, M.K., Ostrom, J.H., Viohl, G., Wellnhofer, P., (eds) The beginnings of birds: Proc Int Archaeopteryx Conf 1984. Freunde des Jura-Museums, Eichstätt, pp 45–65

Faux, C. M., & Padian, K., (2007). The opisthotonic posture of vertebrate skeletons: postmortem contraction or death throes? *Paleobiology*, 33(2), 201-226.

Frey E, Martill, D. M., (1994) A new pterosaur from the Crato Formation (Lower Cretaceous, Aptian) of Brazil. N Jb Geol Paläont, Abh 194:379–412

Gilmore, C. W., (1925). *A Nearly Complete Articulated Skeleton of Camarasaurus: A Saurischian*

Dinosaur from the Dinosaur National Monument, Utah. Board of trustees of the Carnegie institute.

Gillette D. D., (1994) *Seismosaurus: the earth shaker*. Columbia University Press, New York

Henning. E., (1915) Über dorsale Wirbelsäulenverkrümmung fossiler Vertebraten. Centralbl Min Geol Paläont 1915:575–577

Heinroth. O., (1923) Die Flügel von Archaeopteryx. J Ornithol 71:277–283

Huene. F. V., (1925) Review R.L. Moodie: Paleopathology: an introduction to the study of ancient evidences of disease. (University of Illinois Press, Urbana III. 1923, 567 p.). N Jb Min Geol Paläont 1925:290–291

Mäuser, M., (1983) Neue Gedanken über Compsognathus longipes WAGNER und dessen Fundort. Erwin Rutte-Festschrift, Weitenburger Akademie, pp 157–162

Kemp, R. A., (2001) Generation of the Solnhofen tetrapod accumulation. *Archaeopteryx* 19:11–28

Moodie, R. L., (1918). Studies in Paleopathology: Pathological Evidences of Disease Among Ancient Races of Man and Extinct Animals.

Moodie, R.L., (1919) Opisthotonos. *Science* 1919:275–276

Moodie, R. L., (1923). *Paleopathology: an introduction to the study of ancient evidences of disease*. University of Illinois Press.

Müller, A. H., (1951) Grundlagen der Biostratonomie. Abh Dt Akad Wiss Berlin Kl Math allg Naturwiss 1950(3):1–147

Ostrom, J. H., (1978) The Osteology of Compsognathus longipes WAGNER. Zitteliana 4:73–118

Quenstedt, W., (1927) Beiträge zum Kapitel Fossil und Sediment vor und bei der Einbettung. Festb J.F. Pompeckj. N Jb Min Geol Paläont (B) Beil Bd 58:353–432

Sander, M., (1992) The Norian Plateosaurus Bonebeds of central Europe and their taphonomy. Palaeogeogr Palaeoclimatol Palaeoecol 93:255–299

Schäfer, W., (1962) Aktuo-Paläontologie nach Studien in der Nordsee. Waldemar Kramer, Frankfurt am Main

Schäfer, W., (1972) *Ecology and Paleoecology of Marine Environments*. University of Chicago Press, Chicago

Seilacher, A., Reif, W. E., Westphal, F., (1985) Sedimentological, ecological and temporal patterns of fossil Lagerstätten. *Philos Trans R Soc Lond B* 311:5–23

Rayner, J. M. V., (1989) Vertebrate Flight and the Origins of Flying Vertebrates. In: Allen, K.C., Briggs, D. E. G., (eds) *Evolution and the Fossil Record*. Belhaven Press, London, pp 188–217

Rietschel, S., (1976) Archaeopteryx—Tod und Einbettung. *Natur und Museum* 106:280–286

Reisdorf, A. G., & Wuttke, M., (2012). Re-evaluating Moodie's opisthotonic-posture hypothesis in fossil vertebrates part I: reptiles—the taphonomy of the bipedal dinosaurs Compsognathus longipes and Juravenator starki from the Solnhofen Archipelago (Jurassic, Germany). *Palaeobiodiversity and palaeoenvironments*, 92, 119-168.

Seemann, R., (1933) Das Saurischierlager in den Keupermergeln bei Trossingen. Jh Ver vaterl Natkd Württ 89:129-160

Schäfer, W., (1972) *Ecology and Paleoecology of Marine Environments*. University of Chicago Press, Chicago

Seilacher, A., Reif, W. E., Westphal, F., (1985) Sedimentological, ecological and temporal patterns of fossil Lagerstätten. *Philos Trans R Soc Lond B* 311:5-23

Viohl, G., (1994) Fish taphonomy of the Solnhofen Plattenkalk. An approach to the reconstruction of paleoenvironment. Géobios Mém Spéc 16:81-90

Wellnhofer, P., (1991) *The illustrated encyclopedia of pterosaurs*. Salamander, London

Weigelt, J., (1927). Rezente Wirbeltierleichen und ihre paläobiologische Bedeutung. M. Weg.

Wild, R., (1974) Tanystropheus longobardicus (Bassani). In: KuhnSchnyder E, Peyer B (eds) Die Triasfauna der Tessiner Kalkalpen, Schweiz Paläont Abh 95:1-162

Williston, S. W., (1889). A new plesiosaur from the Niobrara Cretaceous of Kansas. In Transactions of the Annual Meetings of the Kansas Academy of Science (Vol. 12, pp. 174-178). Kansas Academy of Science.

8. 우리나라에 공룡 발자국 화석이 많은 이유

http://www.grandculture.net/haenam/toc/GC07301351 (디지털해남문화대전: 공룡이 뛰어 놀던 곳, 해남 우항리 공룡화석지)

최덕근, 『한반도 형성사』, 서울대학교출판문화원, 2014

Kim, J. Y., & Huh, M. (2018). Dinosaurs, Birds, and Pterosaurs of Korea.

화석이 말하는 것들

2024년 1월 31일 1판 1쇄 발행

지은이 이수빈
펴낸곳 에이도스출판사
출판신고 제2023-000068호
주소 서울시 은평구 수색로 200, 103-102
팩스 0303-3444-4479
이메일 eidospub.co@gmail.com
페이스북 facebook.com/eidospublishing
인스타그램 instagram.com/eidos_book
블로그 https://eidospub.blog.me/
표지 디자인 공중정원
본문 디자인 개밥바라기

ISBN 979-11-85415-68-0 (03450)

이 도서는 한국출판문화산업진흥원의 '2023년 중소출판사 출판콘텐츠 창작 지원 사업'의 일환으로 국민체육진흥기금을 지원받아 제작되었습니다.